DIE WELT DER ATOME

ZEHN GEMEINVERSTÄNDLICHE VORTRÄGE

VON

ARTHUR HAAS

DR. PHIL.

A.O. PROFESSOR FÜR PHYSIK AN DER UNIVERSITÄT WIEN

MIT 37 FIGUREN IM TEXT
UND AUF DREI TAFELN

BERLIN UND LEIPZIG

WALTER DE GRUYTER & CO.

VORMALS G. J. GÖSCHEN'SCHE VERLAGSHANDLUNG · J. GUTTENTAG, VERLAGSBUCH-HANDLUNG · GEORG REIMER · KARL J. TRÜBNER · VEIT & COMP.

1926

Druck von Metzger & Wittig in Leipzig

MEINER GATTIN

EMMA BEATRICE

VORWORT

Die Vorträge, die in dieser Schrift vereinigt sind, wurden für Hörer aller Fakultäten im Sommersemester 1926 an der Wiener Universität gehalten. Sie bezweckten, die Errungenschaften der modernen Atomphysik einem Laienpublikum in möglichst knapper und doch erschöpfender und zugleich leicht verständlicher Form darzulegen. Gemeinverständlich können die Vorträge natürlich nicht in dem Sinne sein, daß jedermann, der zum ersten Male eine beliebige Seite in der Mitte des Buches aufschlägt, darin wie in einer Zeitung zu lesen vermag. Dies ist schon deshalb nicht möglich, weil die meisten Vorträge auf den vorangehenden aufgebaut sind. Nur in dem Sinne können die Vorträge die Bezeichnung als gemeinverständliche beanspruchen, daß, wie der Verfasser hofft, jeder Laie, der über eine genügende Allgemeinbildung verfügt (etwa ein absolvierter Gymnasiast oder Realschüler) die Lektüre des Buches beginnen und ohne große Schwierigkeiten und mit Verständnis zu Ende führen kann — woferne ihm die Liebe zum Gegenstand die nötige Geduld und Ausdauer verleiht.

Die Vorträge beschränken sich absichtlich nicht auf eine beschreibende Schilderung der atomaren Welt, sondern sie suchen in dem Hörer oder Leser auch einiges Verständnis für die Deduktionen zu erwecken, die zu den wesentlichen Vorstellungen der modernen Atomphysik führten. Es lag mir viel daran, daß der Leser in ihrer fundamentalen Bedeutung diejenigen Erfahrungstatsachen erfasse, von denen solche Deduktionen ihren Ausgang nehmen, und daß er theoretische Gedankengänge, die in diesem Buche nicht in exakter Weise entwickelt werden konnten, wenigstens nach Möglichkeit in ihrer zwingenden Beweiskraft nachempfinde.

Vor allem aber war ich bemüht, es dem Leser klar zu machen, warum der moderne Physiker mit Recht die Wirklichkeit der Atome als gesichert ansehen darf; warum sie ihm keine bloße Hypothese mehr sind und inwieweit die vor Jahrzehnten häufig von Philosophen ironisch aufgeworfene Frage, ob denn schon je ein Physiker ein Atom gesehen habe, heute bejaht werden darf. Darum wurde auch mit größtem Nachdruck auf solche Fälle hingewiesen, in denen grundverschiedene und voneinander völlig unabhängige Methoden zu denselben Erkenntnissen und insbesondere zu denselben Werten für charakteristische atomistische Konstanten führen.

Vom didaktischen Standpunkte aus erschien es als ein besonders schwieriges Problem, die Grundideen der BOHRschen Theorie unter völliger Vermeidung mathematischer Hilfsmittel darzustellen. Ich schlug hierzu den Weg ein, daß ich zunächst die empirischen Beweise für die atomistische Struktur der Elektrizität, für die Existenz von Elektronen, Protonen und Atomkernen besprach und dann einerseits aus dem lichtelektrischen Effekt das Vorhandensein von Lichtquanten, andererseits aus der Term-Darstellbarkeit der Linienspektren und den Elektronenstößen die Energiestufung der Atome ableitete; sodann deduzierte ich aus den Beziehungen zwischen Anregungs- und Ionisierungsenergie und der Notwendigkeit der Unterscheidung zwischen normalen und abnormalen Atomzuständen das sprunghafte Auftreten von Bahnwechseln in den Atomen und suchte durch Verknüpfung dieser Erkenntnis mit der Lichtquantenhypothese das BOHRsche Quantelungsprinzip verständlich zu machen. Die von mir benutzte Methode ist also jedenfalls wesentlich von der historischen verschieden.

Allen für die angegebenen Zwecke des Buches überflüssigen Wissensballast habe ich in den Vorträgen absichtlich vermieden, vor allem auch die Nennung von zu viel Namen. Daß sich im übrigen die Liste der in dem Buche genannten Forscher keineswegs vollständig mit der Liste derjenigen Forscher deckt, die mir die verdienstvollsten auf dem Gebiete der Atomphysik zu sein scheinen, ist dadurch begründet, daß sich nicht alle Probleme der Atomtheorie zur Darstellung in einem populären Buche eignen. So war in diesem Buche leider auch kein Platz für die neuesten bahnbrechenden Ideen von BORN und HEISENBERG, die vermutlich wohl einen ganz neuen Abschnitt in der Geschichte der höheren Atomtheorie einleiten.

Bei der Durchsicht der Korrekturen dieses Buches haben mich Herr Prof. Dr. HARRY SCHMIDT (Cöthen), Herr ROBERT BASS (Wien) und Herr KARL HADER (städtischer Lehrer in Guntramsdorf bei Wien) unterstützt. Ich danke ihnen auch an dieser Stelle herzlich für die vielen wertvollen Verbesserungsvorschläge, die sie mir zukommen ließen.

Wien, im August 1926.

ARTHUR HAAS.

INHALTSVERZEICHNIS

ERSTER VORTRAG

MATERIE UND ELEKTRIZITÄT

Mehr als zwei Jahrtausende sind bereits vergangen, seit die beiden hervorragendsten Vertreter der griechischen Philosophie die Existenz einer zweiten Welt neben der unmittelbar beobachtbaren verkündeten. Der eine Philosoph, PLATON, konstruierte als übersinnliche Welt eine Welt der Ideen; der andere Denker, DEMOKRIT, suchte die zweite Welt nicht außerhalb der uns umgebenden Welt, sondern innerhalb ihrer, freilich jenseits der Grenzen der sinnlichen Wahrnehmbarkeit. DEMOKRITS zweite Welt, die nach seiner Auffassung nur gedanklich erkannt werden kann, ist eine Welt der kleinsten Dimensionen. Harmonisch einfache Prozesse sollen sich, wie DEMOKRIT lehrte, an durchaus wesensgleichen Objekten in Bereichen abspielen, die wegen ihrer Kleinheit der sinnlichen Wahrnehmung stets verborgen bleiben müßten; und nur durch die Beschränktheit und die Mängel der menschlichen Sinne würde bei der Beobachtung in viel größeren Bereichen eine in Wirklichkeit gar nicht vorhandene Verworrenheit und Uneinheitlichkeit des physischen Geschehens vorgetäuscht.

DEMOKRITS Philosophie

Die von DEMOKRIT derart nur als philosophisch-spekulative Hypothese konstruierte Welt der Atome hat sich durch die moderne Physik als Wirklichkeit erwiesen. Dem kühnen philosophischen Gedanken vermochten in den letzten Jahrzehnten die durch geeignete Forschungsmethoden und Instrumente in das Ungeahnte erweiterten, verfeinerten und geschärften menschlichen Sinne nachzufolgen. Durch

Die Welt der Atome als Wirklichkeit

eine überwältigende Fülle sicher gewonnener Einzelerkenntnisse erschloß sich so der exakten Forschung eine neue Welt, die in der Tat als eine ideale Welt im Sinne der Naturphilosophie bezeichnet werden muß. Denn in vollkommenster Einheitlichkeit erscheinen in dieser Welt die Objekte des Geschehens, und das Geschehen selbst offenbart sich in dieser Welt als von der schönsten ganzzahligen Harmonie beherrscht.

Die Grundstoffe

Der moderne physikalische Begriff des Atoms hängt auf das engste mit dem chemischen Begriff des Elements zusammen. Unter den zahllosen der Chemie bekannten Stoffen nimmt, wie seit dem 18. Jahrhundert immer deutlicher offenbar wurde, eine größere Zahl insofern eine ausgezeichnete Stellung ein, als sie im Gegensatz zu den übrigen nicht zerlegbar erscheinen. Dieser Unterschied führte zu der Gegenüberstellung von chemischen Verbindungen und chemischen Elementen oder Grundstoffen. So läßt sich, um an ein wohl allgemein bekanntes Beispiel zu erinnern, Wasser, das demnach als Verbindung erscheint, in zwei Gase spalten, in Sauerstoff und Wasserstoff, die ihrerseits aber nicht weiter zerlegbar und darum als Grundstoffe anzusehen sind; so setzt sich das Kochsalz aus dem metallischen Element Natrium und dem gasförmigen Grundstoff Chlor zusammen, und so fort.

Die konstanten Gewichtsverhältnisse

Eine tiefere Bedeutung erhielt der Begriff des Grundstoffs durch die Entdeckung der Gesetze der konstanten Gewichtsverhältnisse und der multiplen Proportionen. Diese beiden eng zusammenhängenden Gesetze wurden im Jahre 1808 von DALTON aufgefunden. Nach dem ersten der beiden Gesetze verbinden sich die Grundstoffe miteinander stets in ganz bestimmten Gewichtsverhältnissen. So verbindet sich beispielsweise je 1 g Wasserstoff zu Chlorwasserstoff stets mit 35,5 g Chlor, zu Bromwasserstoff stets mit 80 g Brom, zu Jodwasserstoff immer mit 127 g Jod, zu Fluorwasserstoff immer mit 19 g Fluor. Von der betreffenden Verbindung entstehen in diesen Fällen, wenn ursprünglich je ein Gramm Wasserstoff vorhanden war, 36,5 g bzw. 81 oder 128 oder 20 g. Betrachten wir andererseits eine Menge von 35,5 g Chlor (also eben jene Menge, die sich mit 1 g Wasserstoff vereinigt), so zeigt das Experiment, daß sich diese Menge Chlor zu Chlornatrium (Steinsalz) stets mit 23 g Natrium, zu Chlorkalium mit 39,1 g Kalium, zu Chlorsilber mit 107,9 g Silber vereinigt.

Die multiplen Proportionen

Das zweite Gesetz, das der *multiplen Proportionen*, bezieht sich auf den Fall, daß sich *zwei Elemente* gleichwohl *in verschiedenen Verhältnissen* miteinander verbinden. Es lehrt, daß in solchen Fällen die verschiedenen Mengen des zweiten Elements, die sich mit der gleichen Menge des ersten Elements verbinden, untereinander in *ganz einfachen Zahlenverhältnissen* stehen. Man kennt zum Beispiel *fünf* verschiedene Verbindungen zwischen den beiden Elementen Sauerstoff und Stickstoff. Vergleicht man nun die Gewichtsanteile, in denen in diesen fünf Verbindungen der Sauerstoff mit einer und derselben Menge Stickstoff verbunden ist, so findet man, daß sich diese Anteile untereinander wie 1 : 2 : 3 : 4 : 5 verhalten.

Atome und Molekeln

Für die von ihm entdeckten Gesetzmäßigkeiten fand bereits DALTON selbst eine überaus einfache *Erklärung* durch die folgenden Annahmen: Es soll ebensoviel *Atomarten* wie Grundstoffe geben; die Atome eines bestimmten Grundstoffs sollen stets auch eine ganz *bestimmte Masse* haben, und die chemischen Verbindungen sollen dadurch entstehen, daß sich Atome verschiedener Arten in einfachsten Zahlenverhältnissen zu kleinen Gruppen, zu sogenannten *Molekeln* vereinigen. So hat man sich beispielsweise eine Wassermolekel aus zwei Wasserstoffatomen und einem Sauerstoffatom zusammengesetzt zu denken. Aus zwei Wasserstoffatomen, einem Schwefelatom und vier Sauerstoffatomen entsteht eine Schwefelsäuremolekel, und in einer Rohrzuckermolekel sind zwölf Kohlenstoff-, zweiundzwanzig Wasserstoff- und elf Sauerstoffatome vereinigt.

Die Atomgewichte

Jedem Grundstoff läßt sich somit eine bestimmte, ihn charakterisierende Zahl zuordnen, die es zum Ausdruck bringt, wievielmal sein Atom schwerer ist als das Atom des leichtesten Grundstoffs, des *Wasserstoffs*. Diese Zahl wird das *Atomgewicht* des betreffenden Grundstoffs genannt. Aus den früher angeführten Beispielen für das Gesetz der konstanten Gewichtsverhältnisse folgt ohneweiters, daß das Atomgewicht von Chlor 35,5, jenes von Brom 80, jenes von Jod 127, jenes von Fluor 19 betragen muß usw. Das Sauerstoffatom erweist sich rund 16mal, genauer 15,88mal so schwer wie das Wasserstoffatom. Aus Zweckmäßigkeitsgründen bezieht die Chemie die Atomgewichte nicht auf Wasserstoff, sondern, was nur einen geringen Unterschied bedingt, auf den 16. Teil des Gewichtes eines Sauerstoffatoms. Als einige wenige Beispiele von Atomgewichten seien aus der großen Zahl der bekannten neunzig Elemente die folgenden (auf Sauerstoff bezogenen) Atomgewichte angeführt:

Wasserstoff	1,008
Kohlenstoff	12,00
Stickstoff	14,008
Sauerstoff	16,000
Eisen	55,84
Silber	107,9
Gold	197,2
Uran	238,2

Das Uran weist das höchste überhaupt bekannte Atomgewicht auf.

Der Dualismus der Elektrizität

Ungefähr dreißig Jahre, nachdem DALTON die neuere chemische Atomtheorie begründet hatte, entdeckte der größte Experimentalphysiker des neunzehnten Jahrhunderts, FARADAY, einen engen Zusammenhang zwischen den chemischen und den elektrischen Phänomenen. Die Kenntnis der Elektrizität reicht bis in das Altertum zurück. Schon im siebenten Jahrhundert v. Chr. war es bekannt, daß einige Körper, zu denen vor allem der Bernstein gezählt wurde, durch Reiben in einen Zustand versetzt werden, in dem sie leichte, in ihrer Nähe befindliche Gegenstände anziehen; nach dem griechischen Worte für Bernstein wurde dieser Zustand später allgemein als elektrisch bezeichnet. Im 17. Jahrhundert erkannten die Physiker, daß nicht nur einige bevorzugte Körper, sondern sehr viele durch

Reiben elektrisch werden, und im Jahre 1733 entdeckte dann DUFAY den Dualismus der Elektrizität, nämlich die höchst bedeutungsvolle Tatsache, daß es zwei entgegengesetzt elektrische Zustände gibt, die als positiv und negativ elektrisch unterschieden werden, wobei zwei positiv und ebenso zwei negativ elektrische Körper einander abstoßen, während ein positiv und ein negativ elektrischer Körper einander anziehen. Als Repräsentanten der beiden Zustände werden gewöhnlich Glas und Harz betrachtet, und in willkürlich konventioneller Weise wird derjenige Zustand als der positive bezeichnet, den durch Reiben mit Seide das Glas annimmt.

Messung von Elektrizitätsmengen

Gegen Ende des 18. Jahrhunderts fanden die Physiker auch ein Prinzip, das es ermöglicht, elektrische Ladungen ebenso zu messen, wie etwa das Gewicht von Körpern gemessen werden kann. Wie für dieses eine Einheit, beispielsweise das Gramm, benutzt wird, so läßt sich auch eine Einheit der Elektrizitätsmenge aufstellen. Als solche wählt man in der theoretischen Physik (aus hier nicht näher zu erörternden Gründen) eine elektrische Ladung, die auf eine zweite, ebenso große Ladung in einer Entfernung von einem Zentimeter eine Kraft ausübt, die dem Zug eines Gewichtes von 1,02 Milligramm gleich ist; diese Einheitsladung wird die elektrostatische Einheit genannt. Die Experimentalphysik verfügt über mannigfache, als Elektrometer bezeichnete Apparate, die die exakte Messung einer Ladung ermöglichen. Um von der Größe der elektrostatischen Einheit eine beiläufige Vorstellung zu geben, sei erwähnt, daß die Ladungen von kleinen Holundermarkkügelchen, die man durch Reiben elektrisch macht, etwa einige elektrostatische Einheiten betragen.

Die elektrischen Ströme

Mit dem neunzehnten Jahrhundert begann auch die exakte Erforschung derjenigen Erscheinungen, die auf einem Transport elektrischer Ladungen beruhen und die als elektrische Ströme bezeichnet werden. Auch diese lernten die Physiker genau messen. Die Stärke eines Stromes erscheint bestimmt durch die Menge von Elektrizität, die in der Zeiteinheit durch einen Querschnitt des Stromes hindurchfließt. Bei einem Transport von positiver Elektrizität wird als Stromrichtung natürlich die Richtung des Transportes definiert, bei einer Fortbewegung negativer Ladungen die der Bewegungsrichtung entgegengesetzte Richtung. In den Strömen, die durch Leitungsdrähte fließen, passieren infolge der Schnelligkeit des Transports ganz ungeheuere Elektrizitätsmengen in einer Sekunde einen Querschnitt des Drahtes. So geht durch den Querschnitt des Drahtes einer brennenden Glühlampe in einer Sekunde eine Elektrizitätsmenge hindurch, die die üblichen Ladungen von Leidener Flaschen viele Tausende mal übertrifft.

Die Elektrolyse

Woran haften aber nun eigentlich die Ladungen, durch deren Transport ein elektrischer Strom bewirkt wird? Für den Fall eines Leitungsstromes in Drähten ließ sich diese Frage zunächst allerdings schwer beantworten. Wertvolle Aufschlüsse gab hingegen das Studium der Stromleitung in Flüssigkeiten. Es zeigte sich nämlich, daß jede Flüssigkeit, die einen elektrischen Strom leitet, hierbei eine chemische Zersetzung, eine sogenannte Elektrolyse erfährt. Leitet man beispielsweise einen Strom durch Salzsäure (wässerige Lösung von Chlorwasserstoff) hindurch, so wird an der Austrittsstelle des Stroms, an der sogenannten Kathode, gasförmiger Wasserstoff, an der Eintrittsstelle, der sogenannten Anode, hingegen gasförmiges Chlor abgeschieden. Sendet man den Strom durch eine wässerige Lösung einer Silberverbindung, so scheidet sich an der Kathode metallisches Silber aus.

Die Ionen

Die Erscheinung der Elektrolyse führte notwendigerweise zu der Vorstellung, daß die Elektrizitätsleitung in Flüssigkeiten auf einem Transport elektrisch geladener Teile zersetzter Molekeln beruht. Die betreffenden Molekeln der leitenden Flüssigkeit erscheinen hierbei in je zwei entgegengesetzt geladene Teile, in zwei sogenannte Ionen, gespalten, von denen die positiven zu der Kathode, die negativen zu der Anode wandern und dort ausgeschieden werden. (Es treten also eigentlich zwei verschiedene Ströme von entgegengesetzter Transport-, wenn auch gleicher „Strom"-Richtung auf.) Bei der Elektrolyse der Salzsäure sind die

Ionen geladene Wasserstoff- und Chloratome; bei der Elektrolyse des Wassers (die allerdings ein sekundärer Vorgang ist) bestehen die positiven Ionen aus je zwei Wasserstoffatomen, während die negativen Ionen Sauerstoffatome sind.

Das elektrische Elementarquantum

FARADAY verglich nun bei seinen Experimenten im Jahre 1833 die Mengen Wasserstoff miteinander, die in einer beliebigen Zeit durch einen Strom aus verschiedenen Wasserstoffverbindungen ausgeschieden werden. Wie er fand, hängt die Menge des ausgeschiedenen Wasserstoffs einzig und allein von der Elektrizitätsmenge ab, die in der betreffenden Zeit durch den Leiter hindurchgegangen ist. Auf Grund der vorhin dargelegten Vorstellung über die Elektrizitätsleitung in Flüssigkeiten müssen wir somit annehmen, daß bei der Elektrolyse allen Wasserstoffatomen stets dieselbe Ladung anhaftet. Die Größe dieser Ladung wird in der modernen Physik als ein elektrisches Elementarquantum bezeichnet (das natürlich nicht mit der früher erwähnten, konventionellen elektrostatischen Einheit verwechselt werden darf).

Die Ladungen der Ionen

Wir wollen etwa einen Strom von der Stärke betrachten, die in der Elektrotechnik als Einheit der Stromstärke gilt, nämlich einen Strom von 1 Ampère; bei einem solchen fließen genau 3000 Millionen elektrostatischer Einheiten in der Sekunde durch einen Querschnitt des Stromleiters. Das Experiment zeigt nun, daß bei der Elektrolyse von Wasserstoffverbindungen ein Strom von 1 Ampère in der Sekunde stets 0,01044 Milligramm Wasserstoff ausscheidet (doppelt soviel Wasserstoff würde durch denselben Strom in zwei Sekunden abgesondert werden, oder aber in einer Sekunde durch einen Strom von 2 Ampère). Weitere Versuche zeigen, daß ein Strom von 1 Ampère aus Salzsäure in der Sekunde 0,368 Milligramm Chlor an der Anode, oder aus einer Lösung einer Silberverbindung 1,118 Milligramm Silber an der Kathode ausscheidet. Vergleichen wir diese Zahlen untereinander und mit der vorhin für Wasserstoff angegebenen Zahl, so erkennen wir leicht, daß sich die drei Zahlen untereinander ebenso verhalten wie die früher mitgeteilten Atomgewichte von Chlor, Silber und Wasserstoff. Ein

Strom von 1 Ampère scheidet also in der Sekunde ebensoviel Chlor- oder Silber- wie Wasserstoffatome aus; und hieraus folgt mit Notwendigkeit, daß bei der Elektrolyse auch an jedem Chloratom stets ein einzelnes negatives und an jedem Silberatom stets ein einzelnes positives elektrisches Elementarquantum haftet. Aus Wasser, dessen Molekel, wie schon erwähnt, mit einem Sauerstoffatom vom Gewicht 16 zwei Wasserstoffatome vereinigt, wird 8mal soviel Sauerstoff wie Wasserstoff abgeschieden, also durch einen Strom von 1 Ampère 0,083 Milligramm pro Sekunde; hieraus müssen wir schließen, daß jedem Sauerstoffatom bei der Elektrolyse zwei negative elektrische Elementarquanten anhaften. Ebenso folgt aus elektrolytischen Messungen an Ammoniak, dessen Molekeln mit je einem Stickstoffatom vom Gewicht 14 drei Wasserstoffatome verbinden, daß das Stickstoffatom bei der Elektrolyse stets eine negative Ladung von drei Elementarquanten mit sich führt.

Die Frage der Struktur der Elektrizität

Bei der Elektrolyse erscheinen also die Ionen stets mit derselben Elektrizitätsmenge oder mit einem einfachen ganzzahligen Vielfachen dieser Menge geladen. Das elektrische Elementarquantum spielt so gewissermaßen die Rolle eines Atoms der Elektrizität. Es fragt sich nun, ob ihm diese Rolle auch außerhalb des Erscheinungsgebietes der Elektrolyse zukommt. Diese Frage konnte auf experimentellem Wege entschieden werden. Trifft nämlich die Annahme einer atomistischen Struktur der Elektrizität zu, dann müßten offenbar die kleinsten in der Natur möglichen elektrischen Ladungen untereinander in einfachen ganzzahligen Verhältnissen stehen; denn sie könnten ja doch nur dem Elementarquantum gleich oder aber doppelt oder dreimal oder viermal so groß sein, während dazwischen liegende Werte ausgeschlossen wären. Daß dies tatsächlich der Fall ist, haben Versuche gezeigt, die seit 1909 von MILLIKAN durchgeführt wurden.

MILLIKANS Versuche

Bei diesen Versuchen werden winzige Öltröpfchen durch einen Zerstäuber in Form eines feinen Sprühregens erzeugt. Infolge der bei dem Zerstäuben auftretenden Reibung tragen die Tröpfchen stets ganz schwache elektrische Ladungen. Auf die Tröpfchen läßt man nun ein elektrisches Feld einwirken, das sie infolge der elektrischen Anziehung aufwärts zu treiben sucht. Ein einzelnes Öltröpfchen, das einen Durchmesser von etwa einem tausendstel Millimeter hat und dessen Bewegung mittels eines Mikroskops beobachtet wird, steht dann unter dem zweifachen Einfluß des elektrischen Feldes und der eigenen Schwere. Überwiegt, wie man es stets einrichten kann, die Kraft des elektrischen Feldes, so bewegt es sich aufwärts; wird das Feld ausgeschaltet, so sinkt das Tröpfchen hinab. Die Kleinheit der Tröpfchen hat einen ungemein starken Reibungswiderstand der Luft zur Folge, und dieser bewirkt, daß sowohl die Aufwärtsbewegung als auch die entgegengesetzte Fallbewegung außerordentlich langsam und ganz gleichmäßig, d.h. mit konstanter Geschwindigkeit, vor sich gehen. Ein einzelnes Teilchen kann derart stundenlang in seiner Auf- und Abbewegung verfolgt werden.

Aus mechanischen Experimentaluntersuchungen ist es andererseits aber den Physikern schon lange bekannt, wie aus der konstanten Geschwindigkeit kleiner, unter starkem Reibungswiderstand fallender Körper deren Gewicht ermittelt werden kann. Nach diesem Prinzip kann auch das Gewicht eines Öltröpfchens berechnet werden. Indem man die Geschwindigkeiten bei der Aufwärts- und der Abwärtsbewegung miteinander vergleicht, ergibt sich hieraus aber wieder die Größe der das Öltröpfchen aufwärts ziehenden elektrischen Kraft, und aus dieser folgt wiederum bei gegebenem elektrischen Felde der Wert der elektrischen Ladung des Tröpfchens. MILLIKANs Messungen haben nun in der Tat gezeigt, daß diese Ladungen ganzzahlige Vielfache einer Elementarladung sind, die

Die Bestimmung des elektrischen Elementarquantums

0,000 000 000 4774 ($4{,}774 \cdot 10^{-10}$) elektrostatische Einheiten

beträgt. Diesen Wert vermochte MILLIKAN aus Tausenden von Einzelbestimmungen mit einer derartigen Genauigkeit abzuleiten, daß der mögliche Fehler seines Resultates nur ein Promille des von ihm angegebenen Wertes beträgt.

Umgekehrt gehen also 2095 Millionen elektrischer Elementarquanten auf eine elektrostatische Einheit.

Die Szintillationsmethode

Eine starke experimentelle Stütze findet die Vorstellung einer atomistischen Struktur der Elektrizität auch durch Beobachtungen, die sich an die sogenannten *Alpha-Teilchen* knüpfen. Es sind dies *positiv elektrisch geladene* Partikeln, die von einigen Substanzen, so vor allem vom *Radium*, ständig fortgeschleudert werden, wovon in einem späteren Vortrag noch eingehender die Rede sein wird. Unter Benutzung der sogenannten *Szintillationsmethode* ist es nun gelungen, die *Ladung* eines solchen α-Teilchens genau zu bestimmen. Bringt man nämlich in die Nähe eines Radiumpräparates einen Schirm, auf dessen Oberfläche Zinkblende aufgetragen ist, so nimmt man ein ständiges Aufblitzen einzelner Lichtpunkte, also sogenannte Szintillationen, wahr. Es liegt jedenfalls die Annahme nahe, daß jeder Lichtblitz durch das Auftreffen eines *einzelnen* α-Teilchens verursacht wird. Man bringt nun vor das Radiumpräparat eine mit einer kleinen Öffnung versehene *Blende* aus einer für die α-Teilchen undurchlässigen Substanz; die Öffnung macht man so klein, daß durch sie nur solche α-Teilchen austreten können, deren Auftreffen auf den Schirm in einem Mikroskop beobachtet werden kann. Dann berechnet man, welcher Bruchteil der gesamten Emission von α-Teilchen durch die Blendenöffnung hindurchgeht; hierzu braucht man ja nur die Größe der Öffnung und ihren Abstand von dem Radiumpräparat zu kennen. Die Zahl der Szintillationen, etwa pro Minute, läßt sich dann durch Zählen ermitteln, und damit ist auch die Zahl der α-Teilchen gegeben, die das Präparat in der Minute oder Sekunde aussendet; übrigens ist eine Zählung der α-Teilchen auch nach anderen Methoden möglich, die zu denselben Ergebnissen führen.

Die Ladung der α-Teilchen

Man kann nun andererseits in die Nähe des Radiumpräparates eine Metallplatte bringen und diese durch die auftreffenden positiv elektrischen α-Teilchen selbst positiv aufladen. Die gesamte Elektrizitätsmenge, die die Platte hierdurch in einer bestimmten Zeit erhält, kann gemessen werden. Da man nach dem vorhin Gesagten weiß, wieviel α-Teilchen auf die Metallplatte in dieser Zeit auftrafen, ist damit die Ladung eines einzelnen α-Teilchens gegeben. Diese erwies sich als genau doppelt so groß wie das elektrische Elementarquantum.

Die absoluten Gewichte der Atome

Sobald der genaue Wert des elektrischen Elementarquantums feststeht, sind damit auch die absoluten Gewichte der Atome gegeben. Denn, wie schon erwähnt, befördert ein Strom von 1 Ampère in einer Sekunde durch einen Querschnitt 3000 Millionen elektrostatische Einheiten und demnach 6285000 Billionen elektrischer Elementarquanten. Da ein Strom von 1 Ampère aber andererseits in der Sekunde, wie ebenfalls schon erwähnt wurde, 0,01044 Milligramm Wasserstoff abscheidet, und jedes abgeschiedene Wasserstoffatom ein elektrisches Elementarquantum trägt, müssen in dem abgeschiedenen Wasserstoff 6285000 Billionen Wasserstoffatome enthalten sein. Die Masse eines Wasserstoffatoms finden wir somit, indem wir die vorletzte Zahl durch die letzte dividieren; für die Masse eines Wasserstoffatoms ergibt sich so der Wert von

0,000 000 000 000 000 000 001 66 Milligramm ($1,66 \cdot 10^{-24}$ g).

Da die elektrochemischen Messungen mit außerordentlicher Genauigkeit vorgenommen werden können, ist der mögliche Fehler dieser Zahl kaum größer als ein Promille. Die absoluten Massen der Atome anderer Grundstoffe ergeben sich, indem die angeführte Zahl noch mit dem „Atomgewicht" des Grundstoffs (auf Wasserstoff bezogen) multipliziert wird. In einem Staubkorn, das so winzig ist, daß tausend Millionen hiervon erst ein Milligramm wiegen, wären somit noch immer viel mehr Atome enthalten, als es Menschen gibt. Zu der Masse eines Steines von etwa hundert Gramm verhält sich die Masse eines Wasserstoffatoms ungefähr so wie die Masse dieses Steines zu der Masse der ganzen Erde, wobei aber die moderne Naturwissenschaft die Masse des Atoms mit viel größerer Genauigkeit zu bestimmen vermochte als die Masse der Erde.

ZWEITER VORTRAG

DIE BAUSTEINE DER ATOME

Die Hypothese von PROUT

Ebenso groß wie die Zahl der bekannten Grundstoffe ist die Zahl von Atomarten, welche die Theorie anzunehmen gezwungen ist. Wären nun wirklich die Atome, wie es ihr griechischer Name sagt, die unteilbaren letzten Bestandteile der Materie, dann würde es fast hundert verschiedene Ursubstanzen geben. Es ist begreiflich, daß sich gegen eine solche Vorstellung (und wären es statt hundert deren auch nur zehn) die Naturforscher mit Recht sträubten; und so stellte schon im Jahre 1815 PROUT die Hypothese auf, daß die Atome aller chemischen Elemente aus Atomen des Wasserstoffs als des leichtesten Grundstoffs aufgebaut seien. Die moderne Experimentalphysik hat PROUTS kühne Idee im wesentlichen bestätigt; sie hat nämlich gezeigt, daß das Wasserstoffatom aus zwei Bestandteilen zusammengesetzt ist, die zugleich die einheitlichen Bausteine aller Atome darstellen.

Die Kathodenstrahlen

Diese Erkenntnis ging von Beobachtungen an den sogenannten Kathodenstrahlen aus. Diese Strahlen, die im Jahre 1869 durch HITTORF entdeckt wurden, treten in Röhren auf, die sehr verdünnte Gase enthalten, wenn man durch diese eine starke elektrische Entladung hindurchgehen läßt; sie gehen dann von der Austrittsstelle des Stromes, von der Kathode, aus. Sie breiten sich in der Regel geradlinig aus, so daß ein in ihren Weg gestellter Gegenstand einen Schatten wirft; hingegen werden sie sowohl durch einen Magneten als auch durch ein elektrisches Feld abgelenkt.

Die elektrische Ladung der Kathodenstrahlteilchen

Die an den Kathodenstrahlen beobachteten Erscheinungen finden nun eine einfache Erklärung durch die Annahme, daß die Strahlen aus rasch bewegten, elektrisch geladenen Teilchen bestehen, die zugleich Masse be-

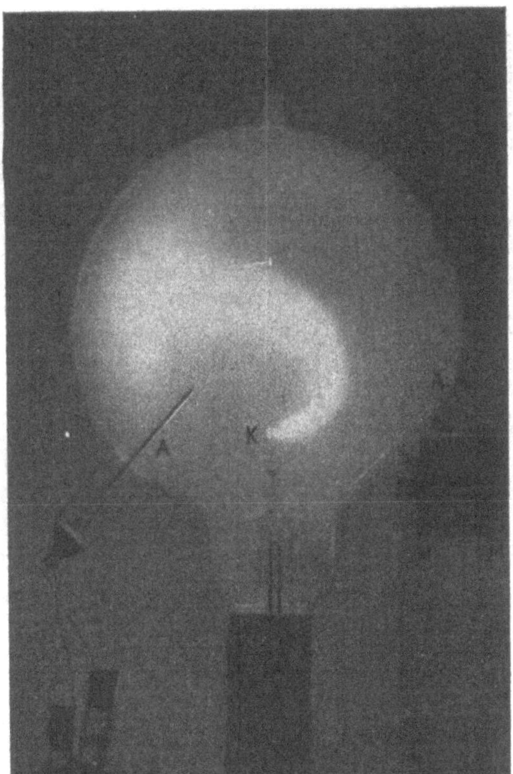

Fig. 1. Ablenkung der Kathodenstrahlen im Magnetfeld. (Nach SOMMERFELD, Atombau und Spektrallinien, 4. Auflage, Braunschweig, Verlag VIEWEG, 1925.)

sitzen. Die geradlinige Ausbreitung folgt, wenn die Teilchen mit Masse ausgestattet sind, ohne weiteres aus dem bekannten mechanischen Beharrungs- oder Trägheitsgesetz. Andererseits muß, wenn die Teilchen elektrisch geladen sind, ein elektrisches Feld bei ihnen eine ähnliche Wirkung hervorbringen wie das Schwerefeld der Erde an einem jeden schweren Körper. Die Teilchen müssen somit in einem elektrischen Felde eine Bahn beschreiben, die, wie die Wurfbahn eines im Schwerefeld der Erde geworfenen Körpers, die Form einer Parabel hat, und in der Tat nehmen die Kathodenstrahlen im elektrischen Felde diese Gestalt an. Schließlich folgt aus der Elektrizitätslehre (ohne daß irgendwelche atomistische Vorstellungen zuhilfe genommen werden müßten), daß eine bewegte, elektrisch geladene Masse in einem Magnetfeld, das senkrecht zu der Bewegungsrichtung wirkt, eine Kreisbahn beschreiben muß; das Experiment zeigt tatsächlich, daß sich bei Annäherung eines Magneten die Kathodenstrahlen kreisförmig biegen (Fig. 1).

Geschwindigkeit und spezifische Ladung der Kathodenstrahlen

Aus dem Sinn der Ablenkung folgt zunächst, daß die Ladung der Kathodenstrahlteilchen negativ ist. Aus der Größe der Ablenkung im elektrischen und magnetischen Feld lassen sich andererseits aber auch auf Grund bekannter elektrizitätstheoretischer Beziehungen zwei für die Kathodenstrahlen charakteristische Größen berechnen, nämlich einerseits die Geschwindigkeit der Teilchen und andererseits das Verhältnis ihrer Ladung zu ihrer Masse. Für die Geschwindigkeit ergeben sich ungeheuere Werte, nämlich etwa 60000 bis 100000 Kilometer pro Sekunde, Werte, die (wie später gezeigt werden wird) ein Fünftel bis ein Drittel der Lichtgeschwindigkeit betragen. Könnte ein Teilchen diese Geschwindigkeit unvermindert beibehalten, so könnte es in weniger als einer Stunde die Sonne erreichen, während auch der rascheste Schnellzug zur Zurücklegung der Entfernung zwischen Erde und Sonne mehr als hundert Jahre brauchen würde. Noch mehr als durch den ungeheueren, für die Geschwindigkeit der Kathodenstrahlen gefundenen Betrag mußten die Physiker durch den Wert überrascht werden, der für das Verhältnis von Ladung zu Masse bei den Kathodenstrahlteilchen ermittelt wurde. Dieses Verhältnis, die sogenannte spezifische Ladung, ergab sich nämlich rund zweitausendmal größer als bei dem Wasserstoff-Ion.

Die Elektronen

Wollte man nicht die durchaus unwahrscheinliche Annahme machen, daß die Ladung eines Kathodenstrahlteilchens mehr als tausend elektrische Elementarquanten betrage, so war man somit zu der überraschenden Folgerung gezwungen, daß in den Kathodenstrahlen Körperchen beobachtbar werden, deren Masse wesentlich kleiner ist als die des leichtesten aller Atome. Die Erscheinungen der Kathodenstrahlen offenbaren so die Existenz negativ elektrischer Urteilchen der Materie; und nimmt man in durchaus plausibler Weise deren Ladung zu einem einzigen Elementarquantum an, so erweist sich die Masse dieser als Elektronen bezeichneten Urteilchen rund 2000 mal oder, wie später genaue Messungen ergaben, 1847 mal kleiner als die des Wasserstoffatoms.

Das Problem der positiven Elektrizität

Woferne nun tatsächlich negativ geladene Elektronen als Bausteine der Atome anzusehen sind, dann muß es jedenfalls als Gegenstück zu ihnen auch positiv elektrische Urteilchen geben, so daß die Ladungen der beiden Arten von Teilchen einander wechselseitig zu kompensieren vermögen. Denn die Materie ist ja in elektrischer Hinsicht neutral. Würde jedes Atom auch nur ein einziges nicht kompensiertes Elementarquantum aufweisen, so wäre die Ladung des kleinsten Papierschnitzels stets viele Millionen mal stärker als die Ladung einer Leidener Flasche. Jedesfalls müssen also die Atome auch positive Ladungen enthalten, und ein grundlegendes Problem entstand somit der Atomphysik in der Frage, wo innerhalb der Atome die positive Elektrizität ihren Sitz hat. Über diese Frage gaben Beobachtungen Aufschluß, die sich auf die schon im ersten Vortrag erwähnten α-Strahlen bezogen.

Die Bahnen der α-Teilchen

Durch ein von C. T. R. Wilson erdachtes Verfahren ist es möglich geworden, die Bahnen zu photographieren, die die α-Teilchen in der Luft zurücklegen. Gehen nämlich die rasch bewegten α-Teilchen durch einen Raum hindurch, der mit Wasserdampf übersättigt ist, so erzeugt jedes einzelne α-Teilchen infolge seiner elektrischen Ladung auf seinem Wege lauter kleine Wassertröpfchen. Dadurch entsteht ein Nebelstreifen, der photographiert werden kann und somit die Bahn eines *einzelnen* α-Teilchens abbildet. Derartige Photographien sind in Fig. 2 (auf Tafel I) wiedergegeben; sie werden erzeugt, indem ein Radiumpräparat in die Nähe eines kleinen, mit übersättigtem Wasserdampf gefüllten Kästchens gebracht wird. Die Bahnen sind im allgemeinen *geradlinig* und hören plötzlich auf; manche Bahnen zeigen aber (wie im Detail aus Fig. 3 ersichtlich ist) knapp vor ihrem Ende eine *Knickung* um einen ziemlich großen Winkel.

Die Existenz von Atomkernen

Diese Knicke müssen offenbar als Folge einer *starken elektrischen Kraft* gedeutet werden, die auf das selbst elektrische α-Teilchen ausgeübt wird. Nun folgt aber aus den Erkenntnissen über die Zahl und die Ausdehnung der

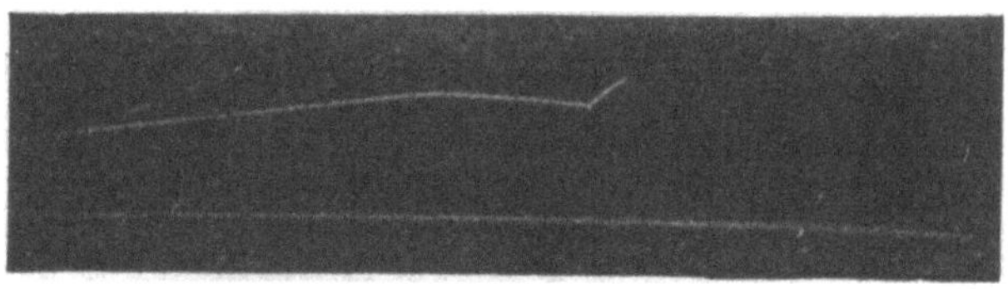

Fig. 3. Bahnen von α-Teilchen. (Nach C. T. R. WILSON.)

Atome, daß ein α-Teilchen, das auch nur einige Zentimeter in Luft zurücklegt, hierbei viele, viele Tausende von in der Luft enthaltenen *Atomen durchqueren* muß. Die Durchquerung eines Atoms erfolgt also, wie aus den Photographien geschlossen werden muß, im allgemeinen ohne jede Richtungsänderung, während bisweilen, in Ausnahmefällen, eine außerordentlich starke Kraft auf das α-Teilchen einwirkt. Da aber elektrische Kräfte mit der Entfernung rasch abnehmen (in dreifacher Entfernung z. B. auf ein Neuntel sinken), so kann dies nur so gedeutet werden, daß die elektrische Kraft, die bisweilen die starken Ablenkungen hervorruft, von einem *Atomkern* ausgeübt wird, der nur einen sehr *geringen Teil des gesamten Volumens* des Atoms erfüllt.

Das Atommodell von RUTHERFORD

Von vorneherein könnte nun der Atomkern sowohl positiv als auch negativ elektrisch gedacht werden; im ersten Falle wäre die starke elektrische Kraft, die er auf das α-Teilchen ausübt, als Abstoßung, im zweiten als Anziehung zu deuten. Da wir uns aber offenbar in dem Kerne die *Masse* des Atoms enthalten denken müssen, und die Masse der negativen Urteilchen neben der Masse auch des leichtesten Atoms ganz bedeutungslos ist, so werden wir jedesfalls dem Kerne eine *positive Ladung* zuschreiben müssen; und diese muß dann natürlich ebensogroß sein wie die Summe der negativen Ladungen aller Elektronen, die sich im neutralen Zustand des Atoms *außerhalb* des Kernes im Atom befinden. Andererseits wird jedes dieser Elektronen von dem entgegengesetzt geladenen Kerne *angezogen.* Daß es nicht in den Kern stürzt, kann nur dadurch verhindert sein, daß es selbst in *raschem Umlauf um den Kern* begriffen ist, so daß die seitens des Kernes ausgeübte Anziehung gerade durch die *Fliehkraft* (die Zentrifugalkraft) dieser raschen Bewegung *aufgehoben* wird. Nach dieser Vorstellung, die von RUTHERFORD im Jahre 1911 begründet wurde, stellt also jedes Atom in gewissem Sinne eine Art *Planetensystem* dar, in dem der Kern die Stelle der Sonne und die umlaufenden Elektronen die der Planeten einnehmen.

Die Wasserstoffkerne als Protonen

Das *einfachste* Atommodell, das überhaupt denkbar ist, ist nun jedenfalls eines, bei dem sich ein *einziges Elektron* um einen *Kern* bewegt, dessen Ladung ein *einziges positives Elementarquantum* beträgt. Es liegt der Gedanke nahe, dieses Atommodell dem leichtesten Grundstoff, also dem *Wasserstoff*, zuzuschreiben. Derart ergeben sich als Gegenstück zu den Elektronen die *Wasserstoffkerne*, deren positive Ladung ebenfalls ein Elementarquantum beträgt und deren Masse mit einem geringfügigen Unterschied der eines Wasserstoffatoms selbst gleich gesetzt werden kann. Der Unterschied ist nämlich durch die Masse des umlaufenden Elektrons gegeben, die aber, wie schon erwähnt, nur den 1847sten Teil der Masse des Wasserstoffatoms beträgt. Für die durch die Wasserstoffkerne dargestellten *positiven Urteilchen* ist neuestens (nach dem griechischen Worte Proton = das Erste) die Bezeichnung als *Protonen* üblich geworden.

Die Atommassen als ganzzahlige Vielfache

Es liegt nun jedenfalls die Annahme nahe, daß Elektronen und Protonen die universellen Bausteine der Materie darstellen, so daß sich also auch alle anderen Atome aus Wasserstoffkernen und Elektronen zusammensetzen müßten. Eine wichtige Stütze findet diese Annahme in dem von ASTON erbrachten experimentellen Nachweis, daß die Massen aller Atome ganzzahlige Vielfache der Masse des Wasserstoffatoms bilden. ASTON gelang dieser Nachweis durch Untersuchungen an den sogenannten positiven Strahlen, die (neben den Kathodenstrahlen) bei starker Verdünnung in HITTORFschen Röhren auftreten. Sie bestehen aus positiv geladenen Atomen des in der Röhre enthaltenen Gases; entsprechend der viel größeren Masse, stehen sie natürlich an Geschwindigkeit weit hinter den Kathodenstrahlen zurück.

Die Analyse der positiven Strahlen

In einem elektrischen Felde werden die Teilchen der positiven Strahlen ebenso wie die Kathodenstrahlen abgelenkt; sie beschreiben dabei Parabeln, deren Krümmung von der Masse abhängt (Fig. 4 auf Tafel I). Auf dieser Tatsache beruht die Möglichkeit, Strahlen von verschiedener Teilchenmasse zu separieren. Eine gewisse Schwierigkeit entsteht hierbei allerdings durch den Umstand, daß die Krümmung der Parabeln außer von der Masse der Teilchen auch von deren Geschwindigkeit abhängt; und diese ist im allgemeinen auch für Teilchen derselben Masse keine einheitliche. ASTON kombinierte nun, um diese Schwierigkeit zu beseitigen, mit dem elektrischen Feld, das die parabolischen Bahnen hervorrief, noch ein magnetisches von solcher Art, daß alle Teilchen von gleicher Masse auch bei verschiedener Geschwindigkeit wiederum in einem und demselben Punkte oder in derselben Linie zusammentreffen, die sich, falls sie auf einer photographischen Platte liegt, auf dieser scharf abbildet. ASTON erhielt derart (zuerst im Jahre 1919) sogenannte Massenspektrogramme, für die die Fig. 5 (auf Tafel I) Beispiele darbietet. Hierdurch war er in der Lage, die Massen der Teilchen untereinander genau zu vergleichen; und da erwiesen sich in der Tat die Massen der verschiedensten Atome als ganzzahlige Vielfache der Masse des Wasserstoffatoms.

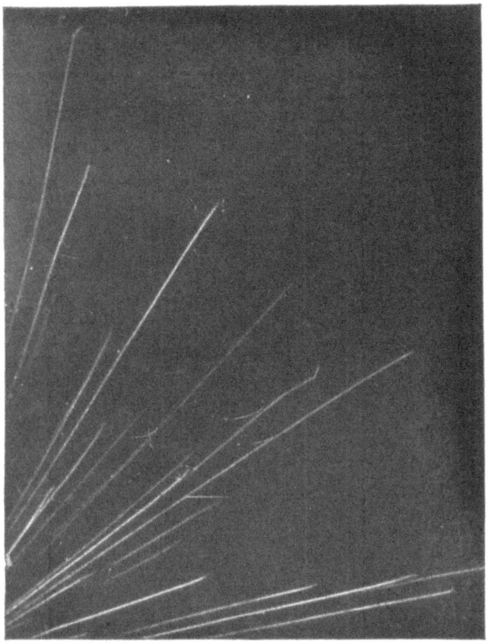

Fig. 2
Bahnen von α-Teilchen (nach C. T R. WILSON)

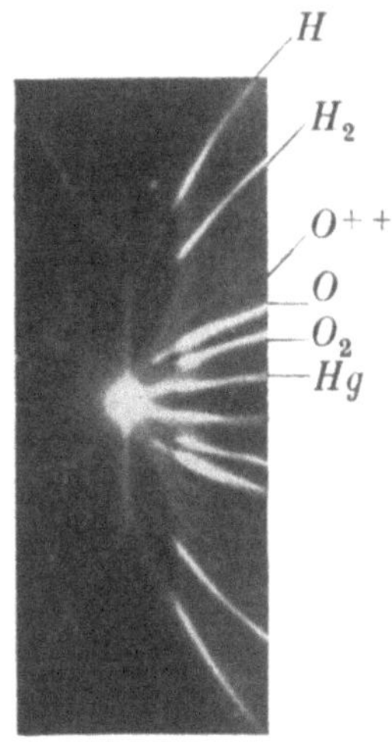

Fig. 4
Parabeln positiver Strahlen
(nach ASTON)

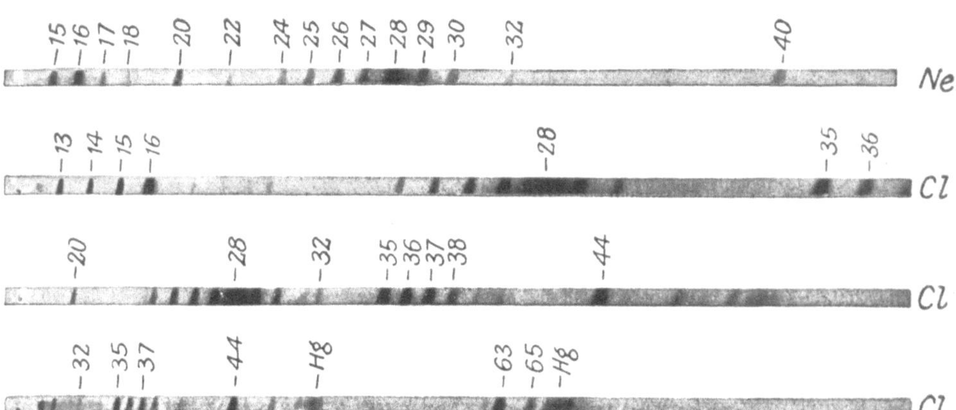

Fig. 5. Massenspektrogramme (nach ASTON)

Walter de Gruyter & Co., Berlin und Leipzig

Das Atomgewicht des Chlors

Schon im Beginne des 19. Jahrhunderts war es nun den Chemikern aufgefallen, daß viele und gerade die häufigsten Grundstoffe, wie z. B. Kohlenstoff, Stickstoff, Schwefel, ganzzahlige Atomgewichte haben. Diese Tatsache schien zunächst eine wichtige Stütze für die PROUTsche Annahme zu bilden. Als aber später mehr Atomgewichte bekannt wurden, mußten die Chemiker auch merkliche Abweichungen von der Ganzzahligkeit feststellen, so namentlich bei dem Chlor, dessen Atomgewicht zu $35^1/_2$ ermittelt wurde — in scheinbar völligem Widerspruch zur PROUTschen Hypothese, die deshalb auch wiederum in Vergessenheit geriet. Erst ASTONS massenspektroskopische Untersuchungen brachten die Lösung des scheinbaren Widerspruches. Wie ASTON nachzuweisen vermochte, gibt es überhaupt keine Chloratome von der Masse $35^1/_2$, sondern nur einerseits solche von der ganzzahligen Masse 35 und andererseits solche von der ganzzahligen Masse 37. Die beiden Arten weisen in ihrem chemischen Verhalten offenbar keinerlei Verschiedenheiten auf und erscheinen auch — sowohl im Chlorgas als auch in allen Chlorverbindungen — stets in demselben Verhältnis miteinander vermengt, wodurch der Schein eines konstanten Atomgewichts von $35^1/_2$ vorgetäuscht wird.

Die Isotopie

Die verschiedenen Arten eines Grundstoffs, die sich bei gleichem chemischen Verhalten durch die Atommasse unterscheiden, werden als Isotope bezeichnet. Die Erscheinung der Isotopie, die bei den meisten Grundstoffen festgestellt wurde und die in einem späteren Vortrag noch eingehender erörtert werden soll, erklärt somit die scheinbaren Abweichungen der Atomgewichte von der Ganzzahligkeit.*

* Von den vier Massenspektrogrammen der Fig. 5 bezieht sich das erste auf das Gas Neon, das bei einem Atomgewicht von 20,2 zwei Isotope mit den Massen 20 und 22 zeigt; die drei anderen Massenspektrogramme beziehen sich auf das Chlor. Außer den charakteristischen Linien des Neons und Chlors sieht man in den Spektrogrammen auch zahlreiche nur zum Zwecke der Vergleichung benutzte sogenannte Bezugslinien, die vor allem von mannigfachen Verbindungen zwischen Kohlenstoff und Wasserstoff herrühren. Für das Neon sind die Linien 20 und 22 eigentümlich (die eben nur auftreten, wenn die Röhre Neon enthält), für

Kleine Abweichungen, die auch hierdurch nicht erklärbar sind, finden schließlich ihre Deutung durch den ebenfalls in einem späteren Vortrag zu erwähnenden sogenannten Packeffekt der Atomkerne.

Die Kernladungszahl

Neben der ganzen Zahl, die die auf Wasserstoff bezogene Masse und somit die Protonenzahl des Atoms darstellt, muß es offenbar noch eine zweite für jede Atomart charakteristische ganze Zahl geben; es ist diejenige, die, mit dem elektrischen Elementarquantum multipliziert, die Ladung des Kernes ergibt und die darum als die Kernladungszahl bezeichnet wird. Ihr muß natürlich im neutralen Atomzustand die Zahl der den Kern umgebenden Elektronen gleich sein. Nach einer einfachen (und zwar röntgenspektroskopischen) Methode, die in einem späteren Vortrag besprochen werden wird, konnten für alle Grundstoffe die Kernladungszahlen eindeutig bestimmt werden; in einigen besonderen Fällen ist dies aber auch durch Beobachtungen über den Durchgang von α-Strahlen durch Metallfolien gelungen.

Die Versuchsergebnisse von CHADWICK

Bei dem Passieren solcher dünner Blättchen erfahren nämlich die α-Strahlen eine Streuung, die als Folge der Ablenkungen zu deuten ist, die an den α-Teilchen durch die Atomkerne des Metalls hervorgerufen werden; die Größe der Streuung muß aber von der Ladung der Kerne abhängen. Derart vermochte im Jahre 1920 CHADWICK auf Grund sorgfältiger Versuche die Kernladungszahlen dreier Metalle mit einer Genauigkeit von etwa ein Prozent zu berechnen. Er fand für Platin 77 oder 78, für Silber 46 oder 47 und für Kupfer 29.

Die Kernelektronen

Die so ermittelten Kernladungszahlen sind wesentlich kleiner als die bekannten Atomgewichte dieser drei Metalle (bei Platin 195,2; bei Silber 107,9; bei Kupfer 63,6). Hieraus müssen wir schließen, daß die Atomkerne dieser Metalle (und offenbar aller Grundstoffe außer Wasserstoff) nicht nur von

das Chlor einerseits die Linien 35 und 37, die dem Element Chlor entsprechen, und andererseits die Linien 36 und 38, die den beiden Arten des Chlorwasserstoffs zukommen, dessen Molekulargewicht natürlich um je Eins größer ist als die Masse des betreffenden Chloratoms.

Elektronen umgeben sind, sondern auch selbst neben Protonen in ihrem Inneren Elektronen enthalten. Deren Zahl muß natürlich geringer sein als die Zahl der Protonen, so daß eine positive Gesamtladung des Kernes resultiert. Die Kernladungszahl gibt somit an, um wie viel die Zahl der Protonen über die der Kernelektronen überwiegt.

Die Alpha-Teilchen

Als ein besonders einfaches, aus Protonen und Elektronen gebildetes Aggregat müssen wir die Alpha-Teilchen ansehen, deren positive Ladung, wie schon in dem ersten Vortrag erwähnt wurde, zu zwei Elementarquanten befunden wurde. Andererseits konnte für die α-Strahlen nach derselben Methode wie bei den Kathodenstrahlen das Verhältnis der Ladung zur Masse ermittelt werden, und damit war dann natürlich auch die Masse selbst gegeben. Diese erwies sich viermal so groß als bei dem Wasserstoffatom. Wir müssen uns daher vermutlich die α-Teilchen aus vier Protonen und zwei Elektronen zusammengesetzt denken.

Zusammenstöße der α-Teilchen bei dem Durchgang durch Gase

Den überzeugendsten Beweis dafür, daß alle Atomkerne Wasserstoffkerne (oder, was dasselbe ist, Protonen) enthalten, bietet eine Reihe von Experimenten, bei denen es gelang, durch die Einwirkung von α-Teilchen aus den Atomen verschiedener Grundstoffe Wasserstoffkerne frei zu machen. Wenn α-Strahlen durch ein Gas hindurchgesandt werden und hierbei mit dessen Atomkernen zusammenstoßen, so wird dadurch nicht nur das α-Teilchen abgelenkt, sondern es erfährt auch der getroffene Atomkern einen Rückstoß, der ihn um so weiter schleudert, je leichter er ist. Dies ist aus den beiden in den Figuren 6 und 7 (auf Tafel II) wiedergegebenen Photographien ersichtlich, die auf der schon erwähnten WILSONschen Nebelstreifenmethode beruhen; denn das zurückgestoßene Atom erzeugt ebenso kleine Tröpfchen wie das α-Teilchen. Fig. 6 bezieht sich auf den Durchgang von α-Teilchen durch Luft, wobei also das zurückgestoßene Atom ein Sauerstoff- oder Stickstoffatom ist, Fig. 7 auf den Durchgang durch Wasserstoffgas, in welchem Falle sich in der Tat die Bahn des zurückgestoßenen Atoms als viel länger erweist.

Die H-Strahlen

Es läßt sich nun berechnen, daß die Strecke, die ein derart zurückgestoßener Wasserstoffkern im Wasserstoffgas zurücklegen kann, etwa dreimal bis viermal so groß ist wie die als Reichweite bezeichnete Länge, die im Wasserstoffgas ein α-Teilchen von seiner Emissionsquelle aus zurücklegt, bevor seine Bahn (wie ja die Figg. 6 und 7 zeigen) ein plötzliches Ende findet. Diese Folgerung aus der Theorie wurde in der Tat durch die Erfahrung bestätigt. Obwohl die Reichweite der α-Strahlen in Wasserstoffgas nur etwa 25 cm beträgt, konnten noch in einer Entfernung von 80 cm von der Quelle der α-Strahlen auf einem Schirm von Zinksulfid Szintillationen wahrgenommen werden. Diese Szintillationen können somit nur eine indirekte Wirkung der α-Strahlen sein; sie müssen auf Strahlen zurückgeführt werden, die in dem durchquerten Wasserstoffgas durch die α-Strahlen erzeugt werden. Rutherford hat gezeigt, daß die Teilchen dieser so weit reichenden Strahlen in der Tat dieselbe spezifische Ladung haben, wie sie den Wasserstoffkernen zukommt. Nach dem chemischen Symbol des Wasserstoffs werden darum diese aus Protonen zusammengesetzten Strahlen als H-Strahlen bezeichnet.

Die Zertrümmerung der Stickstoffkerne

Die H-Strahlen wurden im Jahre 1914 durch Marsden entdeckt. Bald darauf machte dieser Forscher die überraschende Wahrnehmung, daß auch durch gewöhnliche Luft hindurch ein Radiumpräparat Szintillationen in einer Entfernung erregt, die weit größer ist als die Reichweite der von dem Präparat emittierten α-Strahlen. Als Rutherford diese merkwürdige Erscheinung weiter verfolgte, machte er nun die wichtige Entdeckung, daß die Zahl der Szintillationen von der Substanz abhängt, die den Raum zwischen dem Präparat und dem Leuchtschirm erfüllt. Die Szintillationen bleiben aus, wenn der Zwischenraum leer oder anstatt mit Luft mit Kohlensäure oder mit Sauerstoff erfüllt ist. Dagegen steigt die Zahl der Szintillationen, wenn die Luft (die ja bekanntlich ein Gemenge von Sauerstoff und Stickstoff darstellt) durch reinen Stickstoff ersetzt wird. Diese Tatsache führte Rutherford zu dem Schluß, daß die Teilchen der weitreichenden Strahlen, die sich auch hierbei

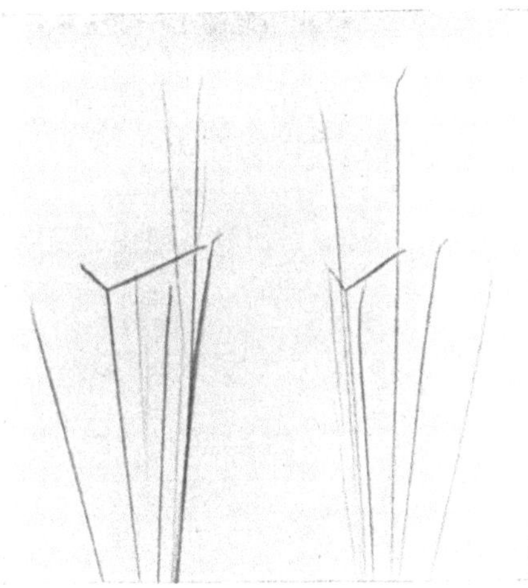

Fig. 6
Durchgang von α-Teilchen durch Luft
(nach BLACKETT)

Fig. 7
Durchgang von α-Teilchen durch Wasserstoff
(nach BLACKETT)

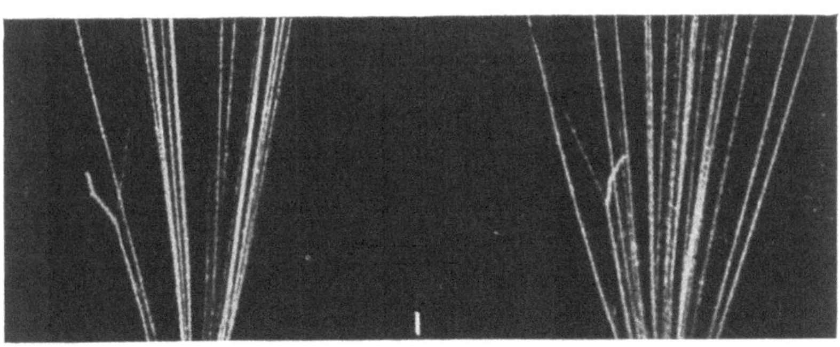

Fig. 8
Zertrümmerung von Stickstoffkernen durch α-Teilchen (nach

Walter de Gruyter & Co., Berlin und Leipzi

als H-Strahlen erwiesen, nur von einer Zertrümmerung von Stickstoffkernen herrühren können. Sie wird durch das Bombardement mittels der α-Teilchen herbeigeführt, wobei aus dem getroffenen Kern ein Wasserstoffkern fortgeschleudert wird. Allerdings kommt nur ein einziges frei gemachtes Proton auf vielleicht hunderttausend emittierte α-Teilchen.

Die Photographien von Blackett

Durch Anwendung der Wilsonschen Methode ist es im Jahre 1925 Blackett gelungen, auch die Zertrümmerung von Stickstoffkernen zu photographieren. Wegen der Seltenheit dieses Prozesses waren Aufnahmen der Bahnen von etwa 400000 α-Teilchen erforderlich, um acht Fälle einer tatsächlichen Zertrümmerung in den Bildern zu erhalten. Zwei Photographien einer Kernzertrümmerung sind in Fig. 8 (auf Tafel II) wiedergegeben. Sie zeigen in zwei Fällen, wie sich die Spur eines α-Teilchens in zwei Zweige teilt. Der lange dünne Zweig stellt die weitreichende Bahn des aus dem zertrümmerten Kerne fortgeschleuderten Wasserstoffkerns dar; der kürzere Zweig die Bahn des zurückgestoßenen, des Protons beraubten Stickstoffkernes. Das Fehlen eines weiteren Zweiges läßt erkennen, daß das α-Teilchen, welches das Proton aus dem Stickstoffkerne frei macht, selbst in dem Stickstoffkerne stecken bleibt.

Die Zerlegung der Grundstoffe

Die Versuche über Atomzertrümmerung blieben nicht auf Stickstoff beschränkt. Durch mannigfache Versuche ist es einerseits Rutherford und Chadwick, andererseits Kirsch und Pettersson in den Jahren 1922—1925 gelungen, neben dem Stickstoff noch 20 weitere Elemente zu zertrümmern, indem sie unter der Einwirkung von α-Strahlen das Freiwerden von Protonen aus den Kernen dieser Grundstoffe nachweisen konnten. Derart zerlegten beispielsweise Rutherford und Chadwick Natrium, Aluminium, Schwefel und Chlor, Kirsch und Pettersson Kohlenstoff, Sauerstoff, Eisen und Kupfer. Die experimentellen Ergebnisse dieser Forscher bestätigen so unmittelbar die Richtigkeit der modernen Auffassung, die in Protonen und Elektronen den dualen Urstoff der Natur erblickt.

DRITTER VORTRAG

DIE QUANTEN DES LICHTES

Die Verallgemeinerung des Begriffs des Lichtes

An die Feststellung eines atomistischen Aufbaus der Materie und an die Erkenntnis der atomistischen Zusammensetzung der Elektrizität reihte sich an der letzten Jahrhundertwende die ungemein bedeutungsvolle Erkenntnis, daß auch dem Lichte eine atomistische Struktur zukommt. Das Wort Licht faßt hierbei die moderne Physik im weitesten Sinne dieses Begriffs auf. Zu den Lichtstrahlen rechnet sie nicht nur diejenigen, die in dem menschlichen Auge Gesichtsempfindungen hervorrufen, sondern auch jene, für die zwar das Auge unempfindlich ist, die aber gleichwohl eine photographische Platte schwärzen; hierzu gehören vor allem die sogenannten ultravioletten und die Röntgenstrahlen. Zu dem Lichte im weiteren Sinne zählt die Physik ferner die Wärmestrahlen, die zwar unser Auge nicht sieht, wohl aber unsere Haut fühlt, und schließlich auch die Wellen der Radiotelephonie. Alle diese Strahlenarten sind durch die neuere Physik als wesensgleich erwiesen und ihre Verschiedenheiten als nur quantitative erkannt worden.

Die elektrischen Wellen

Sämtliche genannten Erscheinungen sind nämlich elektrische Wellen, mit denen freilich ein Laie schwer eine anschauliche Vorstellung verbinden kann. Denn zwischen diesen Wellen und den Wellen des Wassers besteht nur eine äußere, eine rein formale Ähnlichkeit. Bei den elektrischen Wellen finden keine Bewegungen wie bei Wasserwellen statt, sondern nur periodische Änderungen eines elektrischen Feldes. Unter einem solchen versteht man (wie schon in dem ersten Vortrag erwähnt wurde) ein Gebiet, innerhalb dessen ein hineingebrachter, elektrisch geladener Körper eine anziehende oder abstoßende Kraft erfährt. Die Kraft, die auf einen mit der elektrostatischen Einheit geladenen Körper ausgeübt würde, wird die elektrische Feldstärke genannt. Innerhalb einer elektrischen Welle ändert sich nun einerseits an einer gegebenen Stelle die Feldstärke periodisch, so daß sie in bestimmten Zeitintervallen immer wieder Null wird; andererseits folgen längs eines Wellenstrahls, den wir in einem bestimmten Augenblicke betrachten, in gleichen Abständen Stellen aufeinander, an denen die elektrische Feldstärke verschwindet. Zwischen zwei Nullwerten steigt die Feldstärke zu einem größten Wert an und geht von diesem wieder auf Null zurück; dabei

Fig. 9.

wechselt, entsprechend der Unterscheidung von „Wellenberg“ und „Wellental“, die Richtung der Feldstärke (vgl. die symbolische Darstellung in Fig. 9), so daß ein in das Feld gebrachter, elektrisch geladener Körper an jeder Stelle abwechselnd angezogen und abgestoßen würde.

Wellenlänge und Schwingungszahl

Längs eines, für einen beliebigen Augenblick betrachteten Wellenstrahles stehen somit die benachbarten Gipfel zweier Wellenberge um eine bestimmte Distanz voneinander ab; andererseits sind sie, wenn wir die zeitliche Zustandsänderung an einer und derselben Stelle ins Auge fassen, voneinander um ein bestimmtes Zeitintervall entfernt. Diese beiden für die Welle charakteristischen Größen werden als die Wellenlänge und die Schwingungsdauer bezeichnet; und unter der Schwingungszahl oder Frequenz einer Welle versteht man die Zahl, die es angibt, wie oft die Schwingungsdauer in der Sekunde enthalten ist. Während einer Schwingungsdauer pflanzt sich die Welle um eine Wellenlänge fort. Da die Wellengeschwindigkeit durch die Strecke bestimmt ist, um die in der Zeiteinheit die Welle fortschreitet, besteht daher die einfache Beziehung:

$$\text{Wellengeschwindigkeit} = \text{Schwingungszahl} \times \text{Wellenlänge.}$$

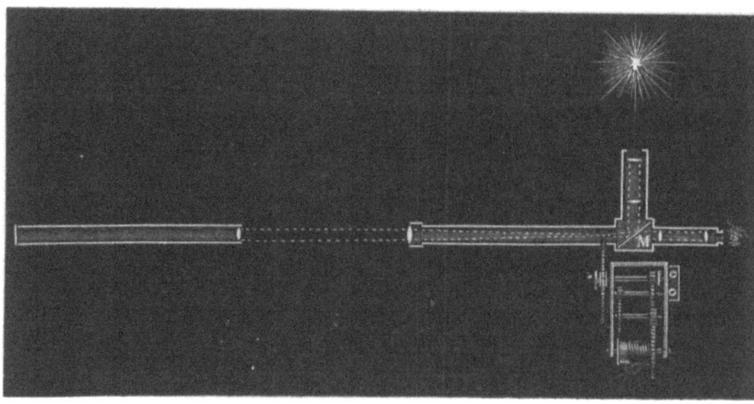

Fig. 10. Die experimentelle Bestimmung der Lichtgeschwindigkeit. (Ebenso wie Fig. 11 aus LA COUR und APPEL, Die Physik auf Grund ihrer geschichtlichen Entwicklung, deutsche Ausgabe, Braunschweig, Vieweg, 1905.)

Die experimentelle Bestimmung der Lichtgeschwindigkeit

Die Geschwindigkeit der Lichtwellen ist den Physikern schon seit mehr als zwei Jahrhunderten bekannt; ihr Wert konnte nach verschiedenen Methoden ermittelt werden, von denen hier nur eine, besonders interessante kurz beschrieben werden möge. Es ist dies die sogenannte Methode des rotierenden Zahnrads, mittels deren FIZEAU im Jahre 1849 die Lichtgeschwindigkeit ermittelte. Bei dieser Methode blickt ein Beobachter (rechts in Fig. 10) durch ein Fernrohr nach einem weit entfernten Spiegel (ganz links in der Figur), der von dem Fernrohr kommende Lichtstrahlen in dieses zurückwirft. In dem Fernrohr befindet sich eine gegen die Blickrichtung unter einem Winkel von 45^0 geneigte Glasplatte (*M* in der Figur), die auf sie auftreffende Lichtstrahlen teils durchläßt, teils reflektiert. Auf diese Platte fallen nun durch ein Seitenrohr Strahlen, die von einer starken Lichtquelle kommen; nach dem Gesetz, das für die Reflexion von Lichtstrahlen gilt, werden diese Strahlen auf den weit entfernten Spiegel reflektiert. Dieser wirft sie nach dem Fernrohr zurück. Damit hierbei die Strahlen möglichst wenig geschwächt werden, ist der Spiegel selbst (vgl. den linken Teil der Fig. 10) in einen mit einer Linse versehenen rohrförmigen Apparat eingebaut. Die in das Fernrohr zurückkommenden Strahlen durchsetzen

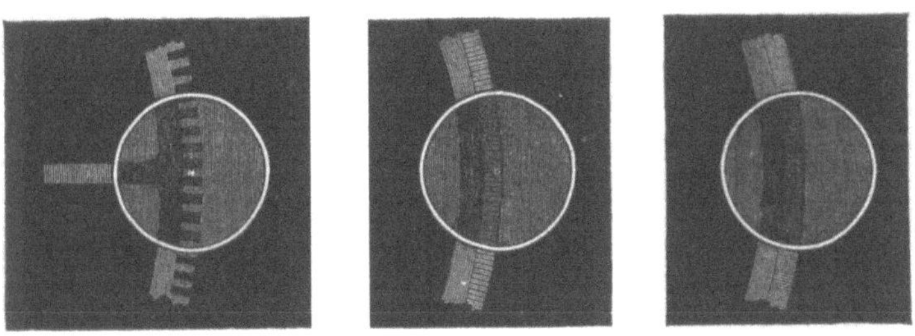

Fig. 11. FIZEAUs rotierendes Zahnrad.

teilweise die Glasplatte und gelangen in das beobachtende Auge, das derart durch das Fernrohr das Spiegelbild der Lichtquelle erblickt.

Das rotierende Zahnrad

Zwischen Fernrohr und Spiegel wird nun bei dem FIZEAUschen Experiment ein durch ein Uhrwerk betreibbares Zahnrad gebracht, dessen Zähne den Lichtstrahlen den Weg versperren, so daß diese nur durch die Lücken hindurchgehen können. Wenn das Zahnrad still steht und der Weg frei ist, erscheint daher das Spiegelbild der Lichtquelle zwischen zwei Zähnen (die linke der Figg. 11). Wird das Zahnrad in rasche, immer schnellere Umdrehung versetzt, so sind zwar die Zähne nicht mehr einzeln wahrnehmbar, aber das Bild der Lichtquelle bleibt auch weiter, wenn auch schwächer, sichtbar (die mittlere Figur). Bei Erreichung einer kritischen Umdrehungszahl verschwindet das Bild (rechte Figur); wird diese Umdrehungszahl verdoppelt, so ist das Bild wieder in der ursprünglichen Stärke sichtbar, während es bei der dreifachen Umdrehungszahl abermals verschwindet usw. Diese Erscheinung ist offenbar so zu deuten, daß bei der kritischen Umdrehungszahl die Zeit, die das Licht zur Zurücklegung des Weges vom Zahnrad bis zu dem Spiegel und zurück braucht, mit der Zeit übereinstimmt, in der sich das Zahnrad um den halben Abstand zweier benachbarter Zähne weitergedreht hat. Dann findet eben das Licht bei seiner Rückkehr den Weg versperrt, der ihm auf dem Hinwege offen stand. Bei FIZEAUs Versuch betrug der Abstand zwischen dem Spiegel und einem mit 720 Zähnen versehenen Zahnrad 8633 m. Als kritische Tourenzahl fand FIZEAU 12,67 Umdrehungen pro Sekunde. Die Zeit, in der das Licht den Weg hin und zurück durcheilt, ergab sich somit zu $1/2 \times 1/720 \times 1/12{,}67$ Sekunden.

Der Wert der Lichtgeschwindigkeit

Während FIZEAU selbst für die Lichtgeschwindigkeit auf die angegebene Weise noch einen um $5\%_0$ zu großen Wert erhielt, wurde seine Methode später derart vervollkommnet, daß sich nach ihr und auch nach einer anderen verwandten Methode die Lichtgeschwindigkeit mit einer Genauigkeit von ein zehntel Promille ermitteln ließ Ihr Wert ergab sich zu

299900 Kilometer pro Sekunde,

welcher Wert nur auf etwa 30 km unsicher sein dürfte. So ungeheuer groß ist die Geschwindigkeit des Lichtes, daß es zur Zurücklegung einer Strecke von der Länge des Erdäquators nur etwa $^1/_7$ Sekunde braucht, und die Entfernung zwischen dem Monde und der Erde in etwa einer Sekunde, jene zwischen der Sonne und der Erde in ungefähr acht Minuten durcheilt.

Die NEWTONschen Farbenringe

Die Wellenlängen des sichtbaren Lichtes wurden zuerst durch YOUNG im Jahre 1801 ermittelt, nachdem bereits mehr als hundert Jahre früher NEWTON die Verschiedenheit der Farben auf eine Verschiedenheit der Periode zurückgeführt hatte. YOUNGs Bestimmungen gründeten sich auf die von NEWTON entdeckte Erscheinung der sogenannten Farbenringe, die beobachtet werden, wenn man eine schwach gekrümmte Linse auf eine Glasplatte legt (Fig. 12). Bei Verwendung von weißem Licht sind die Ringe bunt, während bei Benutzung von einfarbigem Lichte (etwa dem gelben Lichte einer Natriumflamme) die Ringe abwechselnd schwarz und weiß erscheinen (Fig. 13). YOUNG folgerte nun ganz richtig aus einem von ihm aufgestellten optischen Prinzip, daß die Wellenlänge des einfarbigen Lichtes doppelt so

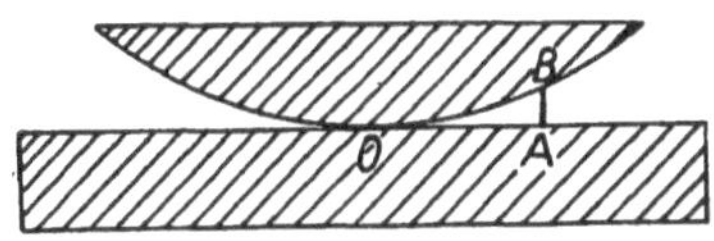

Fig. 12.

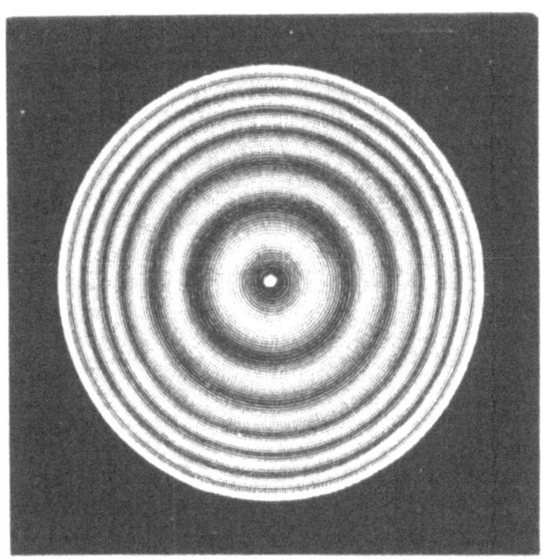

Fig. 13. NEWTONsche Farbenringe.
(Aus FRICK, Physikalische Technik, 7. Auflage, Braunschweig, Vieweg 1909.)

groß sein müsse wie der Abstand ($A B$ in Fig. 12), den an der Stelle des innersten Ringes die Linse von der Glasplatte hat; dieser Abstand kann aber aus der bekannten Krümmung der Linse und dem Radius des innersten Ringes ($O A$ in Fig. 12) berechnet werden.

Die Wellenlängen des sichtbaren Lichts

Für die Wellenlängen des sichtbaren Lichtes ergeben sich so Werte zwischen 40 und 80 Millionstel eines Zentimeters. Die kleinste Wellenlänge entspricht der violetten Farbe, die größte der roten; zwischen diesen beiden Grenzen liegen die Wellenlängen der anderen Farben in derselben Aufeinanderfolge wie im Regenbogen (rot, orange, gelb, grün, blau, violett). Auf ein Millimeter gehen also rund 12000 bis 25000 Wellen des sichtbaren Lichts. Infolge des enormen Wertes der Lichtgeschwindigkeit findet man für das sichtbare Licht auch ungeheuer große Schwingungszahlen. Das rote Licht hat eine Frequenz von 400 Billionen (also 400 Millionen Millionen) in der Sekunde, und eine doppelt so große Frequenz hat das violette Licht. Zu einer Sekunde verhält sich die Schwingungsdauer von sichtbarem Licht ungefähr so wie die Sekunde zu einer Zeit von rund 20 Millionen Jahren. Da in der Musik ein Ton um eine Oktave höher liegt als ein anderer, wenn er die doppelte Schwingungszahl hat, so kann man unter Übertragung dieses musikalischen Begriffes sagen, daß das sichtbare Licht ungefähr eine Oktave umfaßt.

Die ultraroten und die ultravioletten Strahlen

Schon im Beginne des 19. Jahrhunderts erkannten indessen die Physiker, daß das Rot und das Violett keine absoluten Grenzen des Lichtbereiches darstellen, sondern nur subjektive Grenzen, die durch die Eigentümlichkeiten des menschlichen Auges bedingt sind. Denn wenn man etwa in bekannter Weise durch ein Prisma ein die Regenbogenfarben umfassendes Sonnenspektrum entwirft, so zeigt es sich, daß die Wärmewirkung der Strahlen keineswegs auf das eigentliche Spektrum beschränkt ist, sondern über das rote Ende des Spektrums hinaus reicht und dort erst ihren größten Wert erreicht. Andererseits erstreckt sich auch wieder die chemische Einwirkung der Sonnenstrahlen auf die photographische Platte weit über das violette Ende hinaus. So stellt das sichtbare Spektrum nur einen kleinen Ausschnitt des Gesamtspektrums dar, an den sich auf der einen Seite die ultraroten, auf der anderen die ultravioletten Strahlen anschließen.

Die Radiowellen

Auch die mittels rein elektrischer Apparate hergestellten sogenannten Radiowellen sind nichts anderes als Lichtwellen, freilich von außerordentlich großer Länge. Man kann für sie nach rein elektrischen Methoden die Schwingungszahl und die Wellenlänge und somit auch die Fortpflanzungsgeschwindigkeit ermitteln, und diese ergibt sich nun genau ebenso groß wie die Lichtgeschwindigkeit. Diese Tatsache stellt (neben manchen anderen) eine wesentliche experimentelle Stütze für die bereits im Jahre 1873 von MAXWELL begründete Auffassung dar, derzufolge die Lichtwellen elektrischer Natur sind. 15 Jahre später (1888) hat dann HERTZ als erster in der Tat mittels elektrischer Apparate Wellen erzeugt, von denen er zu zeigen vermochte, daß sie ganz dieselben Eigenschaften besitzen, wie sie schon lange von dem Lichte bekannt gewesen waren. Die in der Radiotelephonie üblichen Wellen von einigen hundert Metern Länge sind rund tausend Millionen mal länger als die Wellen des sichtbaren Lichts. Da einem Unterschied von zehn Oktaven eine ungefähr tausendmal (genau 1024mal) größere Schwingungszahl entspricht, so liegen die Radioschwingungen um ungefähr dreißig Oktaven tiefer als die Schwingungen des sichtbaren Lichts.

Die Brücke von den Radiowellen zum sichtbaren Licht

Eine so ungeheure Kluft trennt die beiden wesensgleichen Erscheinungen. Doch ist diese Kluft durch die moderne Experimentalphysik vollständig überbrückt worden. In der Erforschung der ultraroten Strahlen gelangten die Physiker allmählich bis zu ungefähr acht Oktaven jenseits des sichtbaren Rot. Die größte im Ultraroten mittels optischer Methoden gemessene Wellenlänge beträgt $^1/_3$ Millimeter. Von der anderen Seite her war es bereits HERTZ gelungen, elektrische Entladungswellen von nur einigen Metern herzustellen. Gegen Ende des 19. Jahrhunderts war man bei der Erzeugung kürzester Entladungswellen bereits bis zu etwa 3 mm hinabgelangt, und im Jahre 1923 bis zu $^1/_5$ mm, also bis zu Wellen, die bereits kürzer sind als die längste im Ultraroten auf optischem Wege festgestellte Welle.

Die Beugungsgitter und die ultravioletten Strahlen

Zur Längenmessung der ultraroten Wellen bedient man sich, ebenso wie zu exakten Wellenlängenbestimmungen des sichtbaren Lichtes und der ultravioletten Strahlen, sogenannter Beugungsgitter. Es sind dies Metallspiegel (am besten Hohlspiegel), auf die in gleichen Abständen feine Spalte, bis zu 10000 auf ein Millimeter, mittels eines Diamanten eingeritzt sind. Mit solchen Beugungsgittern können nach einem einfachen Prinzip Wellenlängen gemessen werden, die nicht größer, aber auch nicht wesentlich kleiner sind als der Abstand zweier benachbarter Spalte des Gitters. Im Ultraviolett konnten derart die Physiker, allerdings nur unter Überwindung größter experimenteller Schwierigkeiten, allmählich bis zu etwa fünf Oktaven jenseits des sichtbaren Violett vordringen.

Die Kristalle als Beugungsgitter

Weit jenseits der mit Beugungsgittern erreichbaren Grenze liegen die Wellenlängen der von Röntgen im Jahre 1895 entdeckten und nach ihm benannten Strahlen; doch wurden auch bei ihnen exakte Bestimmungen der Wellenlänge durch den glücklichen Umstand möglich, daß sich die Kristalle infolge der regelmäßigen Anordnung ihrer Atome ähnlich wie Beugungsgitter verhalten. Die Atome des Kristalls vertreten die Stelle der Spalte, deren Abstände in diesem Falle aber noch ungefähr tausendmal kleiner sind als in den feinsten künstlich hergestellten Gittern. Wenn man ein Bündel von Röntgenstrahlen unter geeigneten Versuchsbedingungen auf einen Kristall lenkt und hinter diesem eine photographische Platte aufstellt, so erscheinen auf dieser, wie zuerst Laue (1912) entdeckte, schwarze Flecke in wunderbar regelmäßiger, symmetrischer Anordnung. Aus solchen sogenannten Laue-Photogrammen, für die die Figuren 14 und 15 (auf Tafel III) sowie die Fig. 16 (nach Seemann) Beispiele geben, kann nun umgekehrt die Struktur des betreffenden Kristalls abgeleitet werden. So setzt sich in regelmäßig würfelförmiger Anordnung der Steinsalzkristall aus seinen Chlor- und Natriumatomen zusammen (die in Fig. 17 durch dunkle und helle Kreise unterschieden sind). In den Laue-Photogrammen offenbart sich derart deutlich der

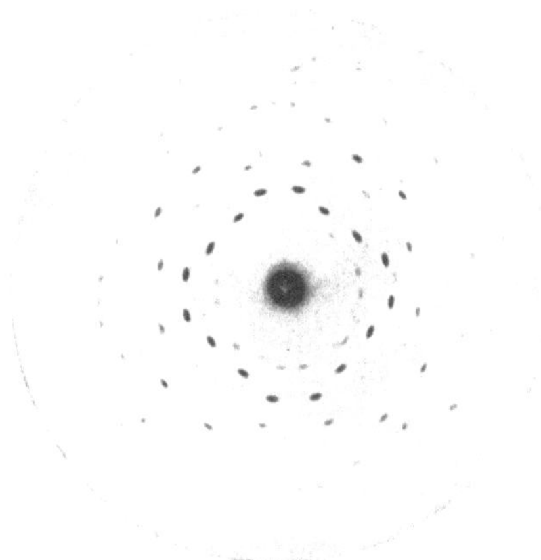

Fig. 14
LAUE-Photogramm von Zinkblende

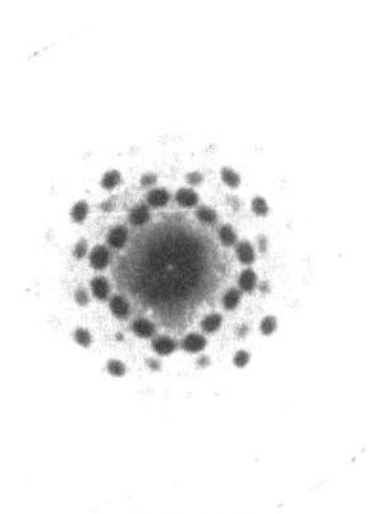

Fig. 15
-Photogramm von Zinkblende (bei geringerem Abstand zwischen Kristall und Platte)

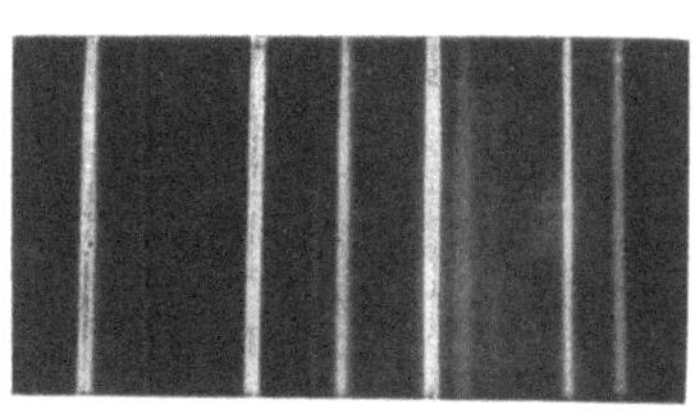

Fig. 28
L-Serie de. Rhodiums (nach SIEGBAHN)

Walter de Gruyter & Co., und Leipzig

Fig. 16. Röntgendiagramm von Kaliumplatincyanür nach SEEMANN. (Aus EWALD, Kristalle und Röntgenstrahlen, Berlin, Verlag Springer, 1923.)

atomistische Aufbau der Materie. Der Abstand zweier am nächsten benachbarter Atome ergibt sich für den Steinsalzkristall aus der Dichte des Steinsalzes und den bekannten absoluten Gewichten der Natrium- und der Chloratome zu 0,2814 Millionstel Millimetern ($2{,}814 \cdot 10^{-8}$ cm), also ungefähr 1500mal kleiner als die Wellenlänge des violetten Lichtes.

Die Wellenlängen der Röntgenstrahlen

Sobald nun die genaue Struktur auch nur eines einzigen Kristalls bekannt war, waren die Physiker in der Lage, die Wellenlängen der Röntgenstrahlen exakt zu bestimmen. Die direkt mittels der Kristalle gemessenen Wellenlängen umfassen einen Bereich von ungefähr acht Oktaven, von 0,000000005 mm ($5 \cdot 10^{-10}$ cm) bis zu dem etwa 300fachen dieser Länge. Aber auch die längste mittels eines Kristalls gemessene Röntgen-Wellenlänge ist noch 300mal kleiner als die des sichtbaren Violett. Von der kürzesten im Ultraviolett festgestellten Wellenlänge trennt sie ein Grenzgebiet von etwa drei Oktaven, das zwar direkten Messungen einstweilen noch unzugänglich ist, das aber durch indirekte Methoden überbrückt erscheint.

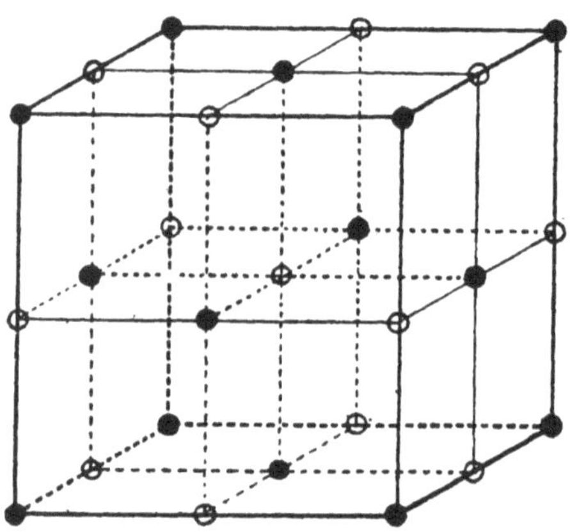

Fig. 17. Steinsalzkristall.

Gammastrahlen und kosmische Strahlen

Die Röntgenstrahlen entstehen, wenn rasch bewegte Elektronen, etwa in der Form von Kathodenstrahlen, auf eine Metallplatte auftreffen, die sie plötzlich in ihrer blitzschnellen Bewegung bremst. Aber auch die Röntgenstrahlen stellen noch nicht die kürzestwellige bekannte Lichtart dar. Noch bis zu drei Oktaven höher reichen die Schwingungen der sogenannten Gammastrahlen, die von dem Radium und anderen Stoffen mit ähnlichen Eigenschaften (wie später eingehender gezeigt werden wird) ausgesendet werden; und abermals bis zu weiteren drei Oktaven höher liegen, wie MILLIKAN im Jahre 1925 feststellte, merkwürdige Strahlen von außerordentlich starkem Durchdringungsvermögen, die schon früher durch KOLHÖRSTER in höheren Schichten der Atmosphäre entdeckt worden waren und die vermutlich als „kosmische" Strahlen aus dem Weltenraum zur Erde kommen.

Die Oktaven des Lichts

Obwohl die Schwingungszahl dieser „durchdringenden" Strahlen rund 10 000 Billionen mal größer ist als die Frequenzen der Radiowellen (die auch bereits Hunderttausende pro Sekunde betragen), so handelt es sich doch bei beiden Arten von Wellen um wesensgleiche Erscheinungen. Rund 50 Oktaven umfaßt demnach im weitesten Sinne des Wortes das Licht, während die Musik nur sieben Oktaven akustischer

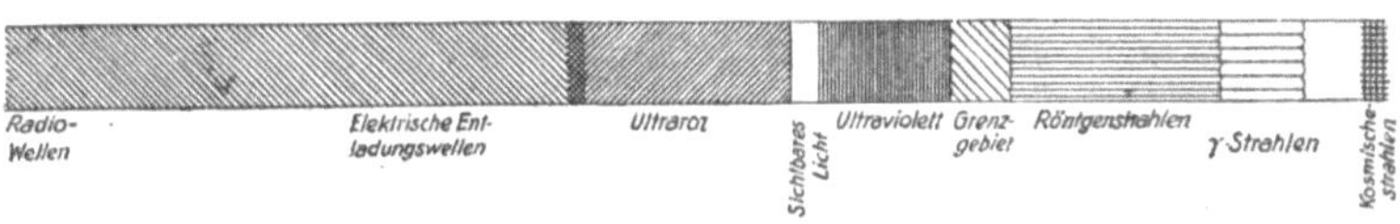

Fig. 18. Die Oktaven des Lichts.

Schwingungen umspannt. Von den 50 Oktaven des Lichts ist freilich nur eine einzige, die die Regenbogenfarben von Rot bis Violett vereinigt, für das Auge wahrnehmbar; so enge sind auch dem vollkommensten menschlichen Sinnesorgan die Grenzen der Wahrnehmung gezogen (vgl. Fig. 18, bei der als Skaleneinheit die Oktave angenommen ist).

Das Erg

Es war nun fast genau an der Wende des 19. zum 20. Jahrhundert, als PLANCK die Physiker durch die von ihm gewonnene und für die moderne Atomlehre fundamentale Erkenntnis überraschte, daß sich das Licht aus Energieelementen zusammensetzen müsse. Der physikalische Begriff der Energie hängt auf das engste mit dem alltäglichen Begriff der Arbeit zusammen. Jeder Laie weiß, daß eine „Arbeit" verrichtet werden muß, um ein Gewicht um eine bestimmte Höhe zu heben. Diese Arbeit wird doppelt so groß, wenn entweder das zu hebende Gewicht oder die Höhe, um die es gehoben wird, verdoppelt wird. Als Einheit der Arbeit gilt darum in der Technik das sogenannte Kilogramm-Meter, nämlich die Arbeit, die verrichtet wird, wenn ein Gewicht von 1 Kilogramm um 1 Meter gehoben wird. Die theoretische Physik benutzt als Arbeits- und zugleich als Energieeinheit eine verhältnismäßig sehr kleine Größe, das sogenannte Erg. Erst 98 Millionen Erg sind einem Kilogramm-Meter gleich, so daß die Arbeit, die ein Mensch bei dem Aufschlagen seiner Augen verrichtet, jedesfalls wesentlich größer als ein Erg ist.

Das elementare Wirkungsquantum

Wie PLANCK annahm, sollen nun für Licht von bestimmter Frequenz auch Energieelemente von ganz bestimmter Größe charakteristisch sein; deren Wert soll sich ergeben, indem die Frequenz mit einer bis zu PLANCK unbekannt gewesenen universellen Konstanten der Physik multipliziert wird. Dem violetten Lichte würden danach, entsprechend dem Unterschied um etwa eine Oktave, ungefähr doppelt so große Energieelemente wie dem roten Lichte zukommen, und die Energieelemente der Röntgenstrahlen wären rund eine Billion mal größer als die der Radiowellen. Die erwähnte universelle Konstante, die PLANCK in die Physik einführte, und die er zuerst auch zu berechnen imstande war, wird als das elementare Wirkungsquantum bezeichnet. Woferne die Energie in Erg ausgedrückt und die Frequenz auf die Sekunde bezogen wird, ist der Wert des elementaren Wirkungsquantums durch einen Dezimalbruch gegeben, bei dem auf das Dezimalzeichen noch 26 Nullen und auf diese erst die Zifferngruppe 655 folgen (also $6{,}55 \cdot 10^{-27}$). Betrachten wir beispielsweise etwa das gelbe Licht einer Kochsalzflamme, dessen Wellenlänge, wie genaue Messungen ergeben, 0,000589 Millimeter beträgt, so ist die entsprechende Frequenz 509 Billionen pro Sekunde, und daher haben die Energieelemente dieses gelben Lichtes einen Wert von 3,33 mal dem billionsten Teil eines Erg.

Der lichtelektrische Effekt

PLANCK war zu der Erkenntnis des elementaren Wirkungsquantums und zu seiner Berechnung durch recht komplizierte Betrachtungen gelangt, die die Erscheinungen der Wärmestrahlung betrafen. Viel einfacher als durch diese

Erscheinungen wird indessen die Existenz der Energieelemente oder, wie man sie auch nennt, der Lichtquanten durch das Phänomen des sogenannten lichtelektrischen Effektes offenbar. Dieser Effekt besteht darin, daß durch Bestrahlung mit ultraviolettem Licht oder mit Röntgenstrahlen aus der Oberfläche mancher Metalle Elektronen losgerissen werden, die die bestrahlte Metallfläche mit meßbarer Geschwindigkeit verlassen. Wer nichts von Energieelementen weiß, würde nun zunächst wohl vermuten, daß bei einer Steigerung der Intensität des Lichtes (also gewissermaßen, wenn wir an sichtbares Licht denken, bei einer Steigerung der Helligkeit) die Geschwindigkeit der losgelösten Elektronen eine Vermehrung erfahren würde. Die Beobachtung zeigt aber, daß dies keineswegs der Fall ist. Eine Erhöhung der Intensität des Lichtes vermehrt lediglich die Zahl der losgelösten Elektronen, nicht aber deren Geschwindigkeit. Die Geschwindigkeit ändert sich, wie das Experiment zeigt, nur dann, wenn die „Farbe" des Lichtes, wenn nämlich seine Frequenz geändert wird. Diese Tatsache muß wohl so gedeutet werden, daß ein einzelnes Energieelement dazu aufgebraucht wird, um ein einzelnes Elektron aus der bestrahlten Metallfläche loszulösen. Aus Geschwindigkeitsmessungen, die an den ausgesandten Elektronen angestellt wurden, konnte auch der Wert des elementaren Wirkungsquantums ermittelt werden; er ergab sich innerhalb der sehr geringen Fehlergrenze ebenso groß, wie ihn PLANCK aus Messungen auf dem Gebiete der Wärmestrahlung abgeleitet hatte. Die Beobachtungen des lichtelektrischen Effekts stellen so eine unmittelbare empirische Bestätigung der Vorstellung der Lichtquanten dar; sie offenbaren deutlich die wesentliche Rolle, die bei allen atomaren Prozessen dem elementaren Wirkungsquantum als einer fundamentalen Konstanten der Physik zukommen muß.

VIERTER VORTRAG

SPEKTREN UND ENERGIESTUFEN

Linien-spektren und Atombau

Bis in die Mitte des 19. Jahrhunderts stellte das Atomgewicht die einzige Eigenschaft dar, durch die die Chemiker die Atome der Grundstoffe quantitativ zu charakterisieren vermochten. Ein weit bedeutungsvolleres Kennzeichen der verschiedenen Atomarten lernten im Jahre 1860 die Physiker in den Linienspektren der Grundstoffe kennen; und die Erforschung der Spektren hat schließlich auch auf Grund der Lichtquantenhypothese den Physikern den inneren Bau der Atome enthüllt.

Die Spektren leuchtender Gase und Dämpfe

Schon seit NEWTON, also schon seit der Mitte des 17. Jahrhunderts, war es bekannt, daß das Sonnenlicht ein Gemisch von bunten Strahlen von verschiedener Brechbarkeit darstellt, und daß daher ein Prisma, durch das man Sonnenlicht hindurchgehen läßt, ein sogenanntes Spektrum des Lichtes erzeugt. Man versteht darunter (wie schon in einem früheren Vortrag erwähnt wurde) ein Lichtband, in dem in derselben Reihenfolge wie im Regenbogen und in allmählichem Übergang die Farben Rot, Orange, Gelb, Grün, Blau und Violett aneinander gereiht sind. Ebenso wie das Sonnenlicht ergeben auch die von einem glühenden festen oder flüssigen Körper ausgehenden Strahlen ein vollständiges, zusammenhängendes, ein sogenanntes kontinuierliches Spektrum. Ganz anders verhalten sich hingegen leuchtende Gase und Dämpfe. Auch sie liefern ein Spektrum; aber kein kontinuierliches, sondern eines, in dem sich in mehr oder minder großer Zahl von dunklem Untergrund einzelne scharfe, helle Linien abheben.

Die Entdeckung KIRCHHOFF und BUNSENS

KIRCHHOFF und BUNSEN zerlegten nun im Jahre 1860 mittels eines Prismas das Licht, das von Flammen ausgesandt wurde, in die sie Verbindungen verschiedener Metalle brachten. Hierbei machten sie die ungemein bedeutungsvolle Entdeckung, daß jedem Metall ganz bestimmte, für dieses Metall charakteristische Linien zukommen, die in einem gegebenen Spektralapparat stets an derselben Stelle des Spektrums erschienen. Die Lage erwies sich als unabhängig von der Temperatur der Flamme und vor allem auch als unabhängig von der Art der chemischen Verbindung des Metalls. Für das Natrium ist beispielsweise eine starke Linie im Gelben charakteristisch. Die Wellenlänge dieser Linie ergibt sich aber stets mit demselben Werte, ob nun die heißesten Flammen oder solche von weit geringerer Hitze verwendet werden, ob nun das Chlorid, das Bromid, das Sulfat oder das Karbonat des Natriums in die Flamme gebracht wird. Da in jedem dieser vier Fälle der in die Flamme eingeführte Stoff ein anderer ist, kann somit die gelbe Linie nur als eine charakteristische Eigentümlichkeit des Natrium-Atoms als solchen angesehen werden.

Die Spektralanalyse

Ebenso wie das Natrium durch eine gelbe Linie (neben anderen schwächeren), so ist das Kalium durch eine starke Linie im Violetten charakterisiert, das Lithium durch eine starke Linie im Roten und so fort. Für den Wasserstoff sind innerhalb des sichtbaren Bereiches vier Linien eigentümlich, von denen eine im Roten, eine im Blauen, eine im Blauviolett und eine im Violett liegt. Nach dem chemischen Symbol des Wasserstoffs werden diese vier Linien gewöhnlich mit H_α, H_β, H_γ und H_δ bezeichnet. Die Gesamtzahl der innerhalb des sichtbaren Spektralbereiches und des angrenzenden Ultraviolett festgestellten und gemessenen Spektrallinien aller Grundstoffe beläuft sich auf rund 100000. Die auf der Untersuchung der Spektren beruhende chemische Analyse von Substanzen, die sogenannte Spektralanalyse, übertrifft an Empfindlichkeit weitaus die üblichen analytischen Methoden. So konnte beispielsweise mittels eines elektrischen Entladungsfunkens noch der 40000000ste

Teil eines Milligramms Lithium spektralanalytisch nachgewiesen werden.

Die Absorptionslinien

Linienspektren entstehen nicht nur bei der Aussendung oder Emission, sondern auch bei der Absorption von Licht. Wenn man das Licht einer elektrischen Bogenlampe durch einen Metalldampf hindurchsendet, so absorbiert dieser aus dem Lichte die Strahlen von allen den Wellenlängen, die für das Linienspektrum des Metalls charakteristisch sind. Entwirft man beispielsweise das Spektrum des Bogenlampenlichtes, nachdem dieses eine Kochsalzflamme passiert hat, so weist das kontinuierliche Spektrum im Gelben eine starke schwarze Linie auf; es ist dies eine Absorptions-

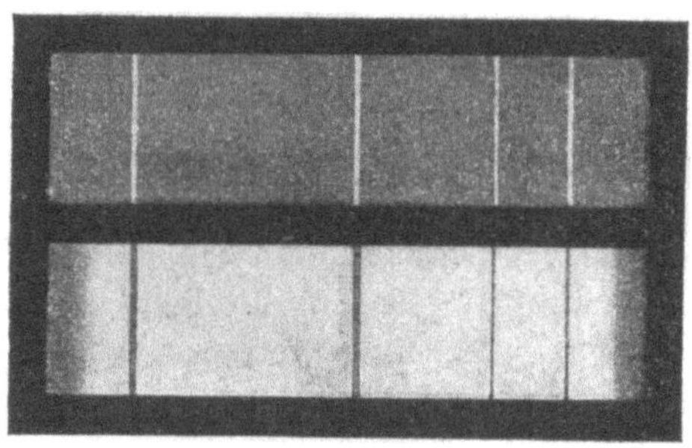

Fig. 19. Emissions- und Absorptionsspektrum des Wasserstoffs. (Aus NEWCOMB, Astronomie für Jedermann, Verlag Fischer, Jena).

linie des Natriums, deren Lage vollkommen mit derjenigen der eigentümlichen, gelben Emissionslinie dieses Grundstoffs übereinstimmt. Fig. 19 zeigt innerhalb des für das Auge sichtbaren Gebietes das Emissions- und das Absorptionsspektrum des Wasserstoffs mit den vier charakteristischen Linien.

Die FRAUNHOFERschen Linien

Als Absorptionslinien sind auch die schwarzen Linien im Sonnenspektrum zu deuten, die bereits im Jahre 1814 (also schon lange vor der Begründung der Spektralanalyse) durch FRAUNHOFER entdeckt worden waren. Die FRAUNHOFERschen Linien geben Kunde von dem Vorhandensein bestimmter chemischer Elemente in der Atmosphäre der

Sonne. Die Atome dieser Grundstoffe absorbieren nämlich von der aus dem Inneren der Sonne dringenden kontinuierlichen Strahlung Lichtstrahlen von bestimmten Wellenlängen, die infolgedessen in einem auf der Erde aufgenommenen Sonnenspektrum fehlen. So deckt sich eine starke FRAUNHOFERsche Linie (die Linie *D*) mit der gelben Linie des Natriums, vier andere fallen mit den Linien des Wasserstoffs zusammen, und so fort.

Die für die Grundstoffe charakteristischen Spektrallinien sind natürlich keineswegs auf die eine Lichtoktave beschränkt, die für das menschliche Auge unmittelbar wahrnehmbar ist. Auch im Ultraroten und vor allem im Ultravioletten konnten zahlreiche Linien teils auf photographischem, teils auf anderem Wege festgestellt werden. Die genaue Untersuchung zeigte nun, daß sich die für einen Grundstoff eigentümlichen Linien stets in eine Anzahl sogenannter Serien einordnen lassen, bei denen die Linien in der Richtung abnehmender Wellenlänge konvergieren. In dieser Richtung wird der Abstand zweier benachbarter, zu derselben Serie gehöriger Linien immer kleiner, während die Linien selbst in dieser Richtung immer schwächer und unschärfer werden. Das Ende der Serien liegt meistens erst im Ultravioletten. Die Spektralserien

Die Anordnung der Spektrallinien in solchen Serien legt die Vermutung nahe, daß zwischen den Frequenzen der einzelnen, zu einer Serie gehörigen Linien ein gesetzmäßiger Zusammenhang bestehen könnte, ähnlich vielleicht wie zwischen den Schwingungszahlen der Töne eines musikalischen Akkords. In der Tat wurde bereits im Jahre 1885 das Vorhandensein einer einfachen spektroskopischen Zahlenbeziehung von BALMER entdeckt, und zwar im Spektrum des Wasserstoffs. BALMER fand, daß zwischen den Schwingungszahlen der vier charakteristischen Wasserstofflinien das ziemlich einfache Zahlenverhältnis besteht: Das Gesetz von BALMER

$$\left(\frac{1}{4}-\frac{1}{9}\right) \quad \left(\frac{1}{4}-\frac{1}{16}\right) \quad \left(\frac{1}{4}-\frac{1}{25}\right) \quad \left(\frac{1}{4}-\frac{1}{36}\right)$$

Diese Reihe läßt sich natürlich beliebig fortführen, indem man auf die Quadratzahlen 9, 16, 25, 36 die weiteren 49, 64, 81, 100, 121 usw. folgen läßt. Tatsächlich hat die spätere photographische Erforschung des ultravioletten Spektralgebietes erwiesen, daß sich gemäß der BALMERschen Formel die Serie der Wasserstofflinien über das sichtbare Violett hinaus fortsetzt. Es war möglich, 33 Linien dieser sogenannten BALMER-Serie festzustellen und zu messen. Die Genauigkeit, mit der sich BALMERS Formel erfüllt zeigt, ist die denkbar vollkommenste. Dabei können spektroskopische Messungen mit einer derartigen Präzision angestellt werden, daß der mögliche Messungsfehler kaum

Fig. 20. Spektralserie des Wasserstoffs.
(Aus NEWCOMB-ENGELMANNS Populärer Astronomie, 6. Aufl., Leipzig, Verlag Engelmann, 1921.)

größer sein dürfte als der millionste Teil des festgestellten Wertes. Fig. 20 gibt einen Teil der BALMER-Serie im Spektrum des Sternes Beta Orionis wieder, beginnend mit der fünften Linie der Serie H_ε (wobei aber die zweite Linie von links und die drei schwachen Linien als nicht vom Wasserstoff herrührend wegzudenken sind).

Die Spektralterme

Die Spektren der Elemente weisen im allgemeinen verschiedene Serien auf, und dementsprechend ist die Zahl der beobachteten Linien oft außerordentlich groß. Trotzdem ließ sich schließlich bei fast allen Grundstoffen die große Mannigfaltigkeit von Spektrallinien auf eine wesentlich einfachere Mannigfaltigkeit von sogenannten Spektraltermen zurückführen, derart, daß sich die Frequenzen der einzelnen Linien als Differenzen je zweier Terme ergeben.

So ist es beispielsweise gelungen, die ungefähr 900 Linien im Spektrum des Gases Neon als Kombinationen von nur 26 verschiedenen Termen darzustellen. Allerdings treten keineswegs sämtliche denkbaren Kombinationen zwischen den Termen in den Spektren auf; es erscheint vielmehr die Kombinationsfähigkeit der Terme durch bestimmte „Auswahlregeln" beschränkt. Symbolisch ist die Termdarstellung eines Spektrums, und zwar des Quecksilberspektrums, in Fig. 21 wiedergegeben. Die angeschriebenen

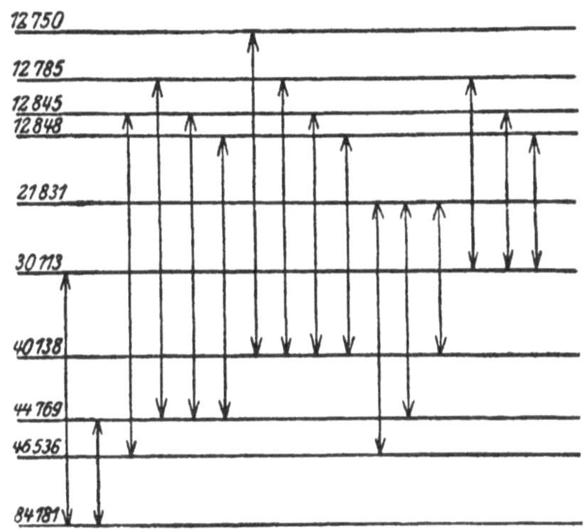

Fig. 21. Termdarstellung des Quecksilberspektrums.

Zahlen bedeuten die Terme, die jedoch noch mit der Zahl von 30000 Millionen (der Lichtgeschwindigkeit in cm pro Sekunde) zu multiplizieren sind; die Pfeile stellen symbolisch die Spektrallinien dar, die durch die zulässigen Kombinationen dieser Terme entstehen.

Eine ganz besonders einfache Beziehung verknüpft die Terme des Wasserstoffspektrums untereinander. Sie lassen sich nämlich durchwegs durch eine und dieselbe Größe ausdrücken, indem sie dem Quotienten aus dieser und dem Quadrate einer ganzen Zahl gleich sind. Jene Größe, die gewöhnlich als die RYDBERGsche Konstante be- Die Wasserstoffterme zeichnet wird, beträgt 3291 Billionen Schwingungen in der Sekunde; sie liegt um etwas mehr als zwei Oktaven höher als die Frequenz des violetten Lichts (also bereits weit im Ultraviolett). Bezeichnen wir sie mit R, so sind demnach die Terme des Wasserstoffs:

$$R, \frac{R}{4}, \frac{R}{9}, \frac{R}{16}, \frac{R}{25} \text{ usw.}$$

Die Linien der schon erwähnten BALMER-Serie sind hinsichtlich der Frequenz in der Form darstellbar:

$$\frac{R}{4} - \frac{R}{9}, \frac{R}{4} - \frac{R}{16} \text{ usw.}$$

Im Ultravioletten wurden Linien einer kurzwelligen Wasserstoffserie entdeckt, nämlich:

$$R - \frac{R}{4}, \quad R - \frac{R}{9}, \quad R - \frac{R}{16}$$

im Ultraroten wiederum Linien einer langwelligen Serie:

$$\frac{R}{9} - \frac{R}{16}, \frac{R}{9} - \frac{R}{25}, \frac{R}{9} - \frac{R}{36}, \frac{R}{9} - \frac{R}{49}, \frac{R}{9} - \frac{R}{64}$$

und schließlich im weiteren Ultrarot zwei Linien einer besonders langwelligen Serie, nämlich:

$$\frac{R}{16} - \frac{R}{25}, \frac{R}{16} - \frac{R}{36}$$

Die Energiestufen der Atome

Die atomphysikalische Deutung der Spektralterme ergab sich aus der konsequenten Durchführung des Gedankens der Lichtquanten. Ist dieser Gedanke richtig, dann muß jede für einen Grundstoff charakteristische Spektrallinie Kunde geben von einem im Atom erfolgenden Energieumsatz, der durch die Frequenz der Linie direkt gemessen werden kann. Denn da nach einem allgemein bekannten Gesetz Energie weder von selbst entstehen noch verschwinden kann, so muß der Energieumsatz ebenso groß sein wie die Energie des emittierten oder absorbierten Lichtquants; diese Energie ist aber durch das Produkt aus der Frequenz und einer universellen Konstanten, nämlich dem elementaren Wirkungsquantum, bestimmt. Aus dem Erscheinen einer Emissionslinie können wir auf eine Energieabgabe des Atoms schließen, während umgekehrt das Auftreten einer Absorptionslinie eine Energiezufuhr an das Atom zur Voraussetzung haben muß. Die Tatsache aber, daß sich die Schwingungszahlen der Spektrallinien als Differenzen von ganz bestimmten Termen ergeben, kann dann nur so gedeutet werden, daß die Übergänge im Atom, die die Spektrallinien hervorrufen, zwischen ganz bestimmten Energiestufen erfolgen. Von zwei Energiestufen, die etwa A und B genannt werden mögen, wollen wir dabei dann A als die höhere Stufe ansehen, wenn das Atom bei dem Übergange von A nach B Energie abgibt (in der früheren Fig. 21 entsprechen also die höheren wagrechten Linien auch den höheren Energiestufen).

Normale und abnormale Atomzustände

Nun zeigt aber die Erfahrung, daß das Leuchten der Gase oder Dämpfe, also ihre Lichtemission, eine Ausnahmeerscheinung ist, die nur dann eintritt, wenn das Gas oder der Dampf stark erhitzt wird oder wenn starke elektrische Entladungen hindurchgesandt werden. In allen diesen Fällen treten Emissionslinien auf, die einen Übergang von einer höheren zu einer tieferen Stufe anzeigen. In naheliegender Weise werden wir daher annehmen können, daß die niedrigste unter den Energiestufen dem Normal- oder Grundzustand des Atoms entspricht, während die höheren Energiestufen nur in abnormalen Zuständen des Atoms verwirklicht sind. In der Tat führen verschiedene experimentelle Beobachtungen (von denen in einem späteren Vortrag noch die Rede sein wird) zu der Folgerung, daß die Atome in einem von dem normalen abweichenden Zustand nur durch eine ganz verschwindend kurze Zeit verweilen, die ungefähr den hundertsten Teil einer millionstel Sekunde betragen dürfte.

Die Anregungsenergie

Aus der Existenz der Energiestufen ergibt sich die bemerkenswerte Folgerung, daß ein normales Atom eine ihm zugeführte Energiemenge nicht aufzunehmen vermag, woferne deren Betrag unter einem bestimmten Minimum liegt. Dieses Minimum, das durch den Energieunterschied zwischen dem Grundzustand und dem niedrigsten abnormalen Zustand gegeben ist, wird als die Anregungsenergie des betreffenden Atoms bezeichnet. Die tatsächliche Existenz eines solchen Minimums wird, abgesehen von spektroskopischen Beobachtungen, auch durch die einem ganz anderen Gebiet angehörige Erscheinung der Elektronenstöße bestätigt.

Die Elektronenstöße

Die Energie, die zu der „Anregung" eines Atoms erforderlich ist (also zu seiner Überführung aus dem Grundzustand in den niedrigsten abnormalen Zustand), kann nämlich dem Atom auch dadurch zugeführt werden, daß man durch den betreffenden Stoff, woferne er dampf- oder gasförmig ist, Elektronen hindurchsendet, die mit den anzuregenden Atomen zusammenstoßen. Ist die Temperatur genügend tief, so kann man annehmen, daß sich zunächst wohl alle Atome im Grundzustand befinden. Woferne es zu einer Anregung kommt, wird dann die hierzu erforderliche Energie durch das stoßende Elektron geliefert. Dieses verliert einen entsprechenden Betrag von seiner eigenen Bewegungsenergie und erfährt dadurch einen Geschwindigkeitsverlust, der mittels elektrischer Apparate gemessen werden kann. Nach der vorhin besprochenen Auffassung ist nun zu erwarten, daß eine Anregung so lange unterbleibt, als die Bewegungsenergie eines Elektrons geringer ist als die Anregungsenergie des Atoms. Daß dies tatsächlich der Fall ist, bestätigt das Experiment. Erst wenn bei allmählicher Steigerung die Bewegungsenergie der Elektronen einen gewissen kritischen Wert erreicht, treten bei ihnen Geschwindigkeitsverluste ein, früher nicht.

Die Resonanzlinie

Die Größe der Anregungsenergie kann außer nach der Methode des Elektronenstoßes nun aber auch durch spektroskopische Beobachtungen ermittelt werden. Unter den Serien eines Atoms sind nämlich eine oder mehrere dadurch ausgezeichnet, daß für ihre Linien der Grundzustand die untere Energiestufe dargestellt; und unter den Linien dieser Serien nimmt wiederum diejenige mit der geringsten Frequenz, also der größten Wellenlänge, dadurch eine Sonderstellung ein, daß sie offenbar dem Übergange zwischen dem niedrigsten in Betracht kommenden abnormalen und dem Grundzustand entspricht. Diese Linie, die bei bekannter Termdarstellung ohne weiteres identifiziert werden kann und die in der Regel auch die stärkste in dem Gesamtspektrum des Atoms (d. h. bei Mitberücksichtigung des ultravioletten und des ultraroten Bereiches) ist, wird die Resonanzlinie des Grundstoffs genannt. Aus der Schwingungszahl dieser Linie muß sich gemäß der Lichtquantenhypothese die Anregungsenergie einfach durch Multiplikation mit dem elementaren Wirkungsquantum ergeben. Die so nach zwei grundverschiedenen Methoden für viele Grundstoffe ermittelten Werte der Anregungsenergie stimmen in der Tat vollkommen überein, was eine glänzende Bestätigung sowohl für die Hypothese der Lichtquanten als auch für die Annahme der Energiestufen bedeutet.

Ionisierungsenergie und Grundterm

Wird bei den Versuchen über Elektronenstöße die Bewegungsenergie der Elektronen noch über die Anregungsenergie gesteigert, so nimmt man eine Ionisierung von Atomen wahr. Die betreffenden Atome verlieren ihre elektrische Neutralität und wirken so, als ob sie als ganze positiv elektrisch wären; dies äußert sich dadurch, daß der Dampf oder das Gas, dem die Atome angehören, die Fähigkeit der Elektrizitätsleitung erlangt. Auf Grund der Vorstellung des Kernatoms ist die Ionisierung offenbar so zu deuten, daß dem Atom eines der seinen Kern umgebenden Elektronen entrissen wird. Die hierzu erforderliche sogenannte Ionisierungsenergie erweist sich bei den meisten Grundstoffen etwa zwei- bis dreimal so groß als die Anregungsenergie. Die Ionisierungsenergie läßt sich ebenfalls sowohl nach der Methode der Elektronenstöße als auch aus dem Spektrum berechnen, indem sie dem Produkt aus dem Grundterm und dem elementaren Wirkungsquantum gleich sein muß. In der Tat zeigt sich auch bei der Ionisierungsenergie vollkommene Übereinstimmung zwischen den Werten, die nach den beiden, völlig verschiedenen Methoden ermittelt werden.

Die Elektronenbahnen

Bei der Ionisierung wird nun ein Elektron, und zwar offenbar eines der am lockersten an den Kern gebundenen, aus dem Atom entfernt; andererseits ist die Anregungsenergie nur etwa ein Drittel bis ein halbmal so groß wie die Ionisierungsenergie. Es liegt daher jedesfalls die Vorstellung nahe, daß in einem abnormalen Atomzustand eines oder vielleicht auch mehrere der Elektronen um den Kern in einem weiteren Abstand umlaufen als im Normalzustand. In der Tat erfordert infolge der zwischen dem Kerne und dem Elektron bestehenden Anziehung jede Vergrößerung des Abstandes zwischen den beiden einen Energieaufwand, während umgekehrt bei einer Verringerung der Distanz Energie frei wird. Jede Spektrallinie müßte somit von einem Bahnwechsel eines Elektrons im Atom Kunde geben; und die durch die Spektren offenbarte Existenz ganz bestimmter Energiestufen wäre dann dadurch begründet, daß die Elektronen um den Kern nicht beliebige Bahnen beschreiben können, sondern nur solche, deren Dimensionen durch ganz bestimmte Regeln festlegbar erscheinen.

FÜNFTER VORTRAG

DAS WASSERSTOFFATOM

Als das denkbar einfachste Atom erscheint, wie schon in einem früheren Vortrag erwähnt wurde, eines, in dem nur ein einziges Elektron um einen aus einem einzigen Proton bestehenden Kern umläuft. Jedesfalls war am ehesten bei einem solchen Atom, das, wie wir sehen werden, mit Recht dem Wasserstoff zugeschrieben werden darf, eine spezielle Lösung des allgemeinen Problems der Elektronenbahnen zu erhoffen. Am einfachsten konnte man sich wiederum die von einem Elektron um den Wasserstoffkern beschriebene Bahn als kreisförmig und die Geschwindigkeit der Bewegung hierbei als gleichbleibend denken. Es lag dann der Versuch nahe, irgendeine für die Kreisbewegung als solche charakteristische Größe in eine Beziehung zu dem elementaren Wirkungsquantum zu bringen. Die Kreisbewegung eines Elektrons

Wie nun im Jahre 1913 BOHR zu zeigen vermochte, ergibt sich die richtige Deutung des Wasserstoffspektrums, indem man als die die Kreisbewegung kennzeichnende Größe das Produkt aus der Masse des Elektrons, aus seiner Umlaufsgeschwindigkeit und aus dem Umfange der Kreisbahn wählt. Nach BOHRs fundamentaler Annahme soll im Grundzustand dieses Produkt dem elementaren Wirkungsquantum selbst, in den höheren Zuständen aber einem ganzzahligen Vielfachen hiervon gleich sein. Die betreffende ganze Zahl wird als die Quantenzahl der Bahn bezeichnet. Für den Grundzustand des Wasserstoffatoms ist sie also eins, für den niedrigsten der abnormalen Das Prinzip von BOHR

Zustände zwei usw.; dementsprechend wird auch von einer ein-, zwei-, dreiquantigen Bahn gesprochen, und so fort.

Die Bahnradien

Das BOHRsche Prinzip der sogenannten „Quantelung" der Elektronenbahnen schafft, da die Elektronenmasse und das elementare Wirkungsquantum universelle Konstanten sind, eine Beziehung zwischen dem Bahnhalbmesser und der Umlaufsgeschwindigkeit. Eine zweite Beziehung zwischen diesen beiden, an sich noch unbekannten Größen ergibt sich aus der Tatsache, daß die von dem Bahnradius abhängige elektrische Anziehung, die auf das umlaufende Elektron seitens des Kernes ausgeübt wird, ebenso groß sein muß wie die durch den Bahnradius und die Umlaufsgeschwindigkeit bestimmte Fliehkraft des Elektrons. Auf Grund dieser beiden Beziehungen können für die verschiedenquantigen Zustände die Kreisradien und die Umlaufsgeschwindigkeiten ermittelt werden. Dabei ergibt sich, daß im zweiquantigen Zustand der Radius viermal, im dreiquantigen neunmal, im vierquantigen sechzehnmal so groß ist wie im Normalzustand, daß hingegen die Geschwindigkeit im zwei-, drei-, vierquantigen Zustande zwei-, drei-, viermal kleiner als im Grundzustand ist.

Der Grundzustand

Für den Radius der einquantigen Bahn, also des normalen Wasserstoffatoms, ergibt sich nach dem BOHRschen Prinzip ein Wert von 0,000000053 mm ($5{,}3 \cdot 10^{-9}$ cm). Diese Größe ist ungefähr zehntausendmal kleiner als die Wellenlänge des sichtbaren gelben Lichtes. Allerdings wissen wir nichts Genaues darüber, wie groß der Radius eines Elektrons oder eines Protons ist; doch folgt aus den (in einem späteren Vortrag zu erörternden) Erkenntnissen über die Dimensionen der Atomkerne, daß der Abstand, den im Wasserstoffatom Proton und Elektron voneinander haben, zumindest 100mal größer sein dürfte, als der Radius des Elektrons oder gar des Protons ist. Die Umlaufsgeschwindigkeit des Elektrons ergibt sich als ungeheuer groß, nämlich im normalen Wasserstoffatom zu 7,29 Promille der Lichtgeschwindigkeit. Die Umlaufszahl ist im Normalzustand doppelt so groß wie die RYDBERGsche Konstante; sie beträgt also 6580 Billionen pro Sekunde.

Die Energiestufen des Wasserstoffatoms

Auf Grund der BOHRschen Theorie lassen sich auch leicht die Energiebeträge berechnen, die bei einem Übergang zwischen zwei verschiedenen Bahnen verbraucht oder frei werden. Man findet beispielsweise für den Übergang zwischen drei- und zweiquantiger Bahn eine gewisse, für das Wasserstoffatom als solches charakteristische Energiekonstante, multipliziert mit dem Ausdruck $(1/4 - 1/9)$; ganz allgemein, wenn der Übergang von einer s-quantigen in eine n-quantige Bahn erfolgt, dieselbe Energiekonstante, multipliziert mit dem Ausdruck $(1/n^2 - 1/s^2)$. Die Energiekonstante ist hierbei durch das elementare Wirkungsquantum, das elektrische Elementarquantum und die Elektronenmasse bestimmt. Dividiert man die Energieänderung durch das elementare Wirkungsquantum, so erhält man aber nun nach der Lichtquantenhypothese die Frequenz einer allenfalls entstehenden Spektrallinie.

Die atomphysikalische Deutung der RYDBERGschen Konstanten

Die BOHRsche Atomtheorie führt also tatsächlich zu der Formel, die auf Grund optischer Beobachtungen für das Wasserstoffspektrum durch die Erfahrung geliefert wird. Wir erkennen beispielsweise, daß die rote Wasserstofflinie durch einen Übergang aus dem drei- in den zweiquantigen Zustand entsteht. Andererseits muß aber zufolge dieser Übereinstimmung zwischen Theorie und Beobachtung die vorhin erwähnte Energiekonstante, wenn man sie noch durch das elementare Wirkungsquantum dividiert, die RYDBERGsche Konstante ergeben. Die quantentheoretische Deutung des Wasserstoffspektrums führt somit zu einer wichtigen Beziehung, die die Fundamentalkonstante der Spektroskopie (nämlich die RYDBERGsche Konstante) mit dem elementaren Wirkungsquantum, dem elektrischen Elementarquantum und der Elektronenmasse verknüpft. In der Tat erweist sich diese theoretisch abgeleitete Relation als vollkommen genau erfüllt; und dies bedeutet nicht nur eine empirische Bestätigung der Lichtquantenhypothese und des BOHRschen Quantelungsprinzips, sondern zugleich auch eine Rechtfertigung der Auffassung, die das einfachste denkbare, bloß aus einem einzigen Elektron und einem einzigen Proton zusammengesetzte Atom dem Wasserstoff zuschreibt.

Das Heliumatom

Als das nächst einfachste wäre ein Atom denkbar, in dem sich zwei Elektronen um einen Kern bewegen, dessen positive Gesamtladung dann natürlich zwei Elementarquanten betragen müßte. Es liegt der Gedanke nahe, eine derartige Struktur bei dem Atom des zweitleichtesten Grundstoffs, des Heliums, anzunehmen; jenes erst gegen Ende des 19. Jahrhunderts entdeckten Gases, das heute durch seine Verwendung in der Luftschiffahrt allgemein bekannt geworden ist. Die Bestimmung der Elektronenbahnen erweist sich für ein derartiges Atom aber bereits als ein ungemein schwieriges Problem. Denn die beiden umlaufenden Elektronen unterliegen nicht nur der Anziehung seitens des Kernes, sondern auch (weil sie beide negativ elektrisch sind) einer wechselseitigen Abstoßung, die natürlich ständige Störungen der beiden Bahnen hervorbringen muß. Wird hingegen ein solches Atom ionisiert, d. h. wird ihm eines der beiden Elektronen entrissen, dann liegen wiederum dieselben einfachen Verhältnisse wie bei dem Wasserstoffatom vor, nur daß die Kernladung und somit auch die anziehende Kraft jetzt doppelt so groß sind.

Das Spektrum des ionisierten Heliums

Die Theorie ergibt für das Spektrum des ionisierten Heliums eine durchaus analoge Gesetzmäßigkeit wie für das Wasserstoffspektrum. Vergleichen wir jedoch eine Linie, die bei dem ionisierten Helium durch Übergang zwischen zwei Bahnen von bestimmten Quantenzahlen entsteht, mit der Linie, die durch Übergang zwischen zwei Bahnen mit denselben Quantenzahlen bei dem Wasserstoff erzeugt wird, so muß nach der Theorie die Frequenz der Heliumlinie viermal so groß sein wie die der analogen Wasserstofflinie. Hieraus folgt (worauf hier nicht näher eingegangen werden kann), daß innerhalb des sichtbaren Spektralgebietes jede zweite Linie des ionisierten Heliums mit einer Linie der BALMER-Serie des Wasserstoffs zusammenfallen sollte. Das Spektrum des ionisierten Heliums läßt sich in GEISSLERschen Röhren hervorrufen; es kann auch in den Spektren von Sternen wahrgenommen werden, und wie es die Theorie erfordert, zeigt in der Tat die Beobachtung das Zusammenfallen jeder zweiten Helium- mit einer Wasserstofflinie. Die nicht zusammenfallenden Linien wurden ursprünglich fälschlich ebenfalls dem Wasserstoff zugeschrieben, und erst auf Grund der BOHRschen Theorie wurden sie als dem Helium eigentümliche Linien erkannt. Bei den zusammenfallenden Linien ist die Übereinstimmung nur unvollkommen; es zeigen sich nämlich die Heliumlinien gegenüber den Wasserstofflinien etwas in der Richtung gegen das Violett verschoben (Fig. 22).

Die Violettverschiebung der Heliumlinien

Die sogenannte Violettverschiebung der Heliumlinien, die zunächst als ein Mangel der BOHRschen Theorie empfunden werden mußte, erwies sich bald darauf, wie BOHR selbst zeigen konnte, als eine ausgezeichnete Bestätigung dieser Theorie. Sie erklärt sich nämlich aus dem anfangs übersehenen Umstand, daß der Schwerpunkt des Atoms

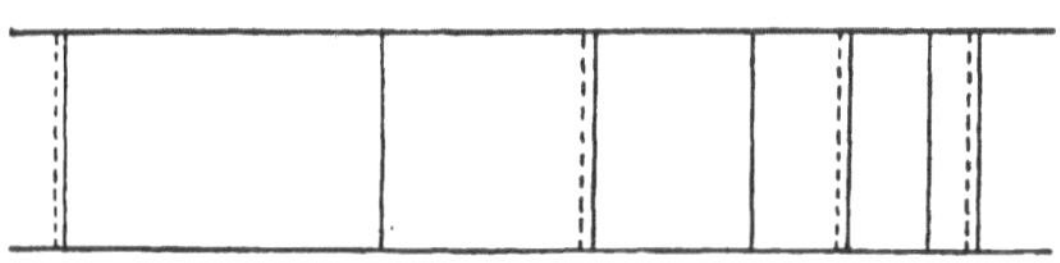

Fig. 22. Die Violettverschiebung der Heliumlinien.

nicht mit dem Kern zusammenfällt. Der Abstand zwischen beiden hängt aber wieder von dem Verhältnis zwischen den Massen des Kernes und des umlaufenden Elektrons ab, und dieses Verhältnis ist für Helium ein anderes als für Wasserstoff. Wird es berücksichtigt, daß das Elektron nicht um den Kern, sondern um den Schwerpunkt des Atoms läuft, so ergibt sich in der Tat die Größe der Violettverschiebung in Übereinstimmung mit der Beobachtung. Umgekehrt ist es sogar möglich, aus der Größe der Violettverschiebung die spezifische Ladung des Elektrons noch genauer zu berechnen als aus den (im zweiten Vortrag erwähnten) direkten Messungen an den Kathodenstrahlen.

Die Nebenquantenzahl

So fruchtbar sich nun auch das BOHRsche Prinzip der Quantelung der Elektronenbahnen erwies, so ergab sich doch die Notwendigkeit einer Erweiterung dieses Prinzips schon auf Grund der sogenannten Feinstruktur der

Spektrallinien. Die schärfere Beobachtung zeigte, daß in den Spektren des Wasserstoffs und des ionisierten Heliums die Spektrallinien, die der minder genauen Beobachtung als einfach erscheinen, in der Tat aus zwei oder mehr eng benachbarten Linien zusammengesetzt sind. Die Erklärung dieser Erscheinung gelang im Jahre 1915 SOMMERFELD, indem er in die Physik den für die weitere Entwicklung der Atomtheorie ungemein bedeutungsvollen Begriff der Nebenquantenzahl einführte; und hierzu ersetzte er die kreisförmigen Bahnen der früheren Theorie durch elliptische.

Die Elektronenbahnen als Ellipsen

Aus der Himmelsmechanik ist es bekannt, daß die Bahnen, die die Planeten um die Sonne beschreiben, Ellipsen sind, in deren einem Brennpunkt sich die Sonne befindet. Die elektrische Kraft, mit der der Atomkern das um-

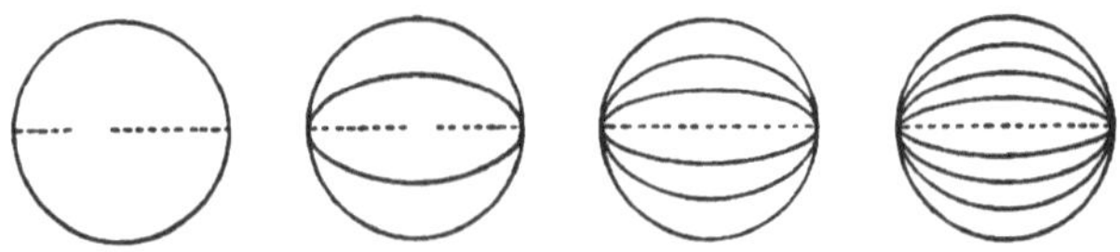

Fig. 23. Die quantentheoretisch zulässigen Ellipsenformen (nach SOMMERFELD).

laufende Elektron anzieht, gehorcht aber nun ganz demselben Gesetze wie die Gravitationskraft, mit der die Sonne auf die Planeten wirkt. Es ist das sogenannte Gesetz des umgekehrten Entfernungsquadrates; danach sinkt die Kraft in doppelter Entfernung auf ein Viertel, in dreifacher auf ein Neuntel, in vierfacher auf ein Sechzehntel, und so fort. Jedenfalls müssen somit im allgemeinen auch die Elektronenbahnen Ellipsen sein, wobei aber der Kreis als ein Spezialfall der Ellipse erscheint. Die Verallgemeinerung derjenigen Überlegungen, die BOHR zu seinem Quantelungsprinzip geleitet hatten, führte nun SOMMERFELD zu der Folgerung, daß einerseits im Wasserstoffatom nur bestimmte Werte der großen Achsen der Ellipsen möglich sind (die mit den von BOHR errechneten Kreisdurchmessern übereinstimmen), daß andererseits aber auch nur bestimmte Formen der Ellipsen zulässig erscheinen.

Die zulässigen Ellipsenformen

Die einquantige Bahn kann danach überhaupt nur ein Kreis sein. Bei einer zweiquantigen Bahn (s. Fig. 23) kann die kleine Achse halb so groß sein wie die große oder aber ihr gleich, in welchem Sonderfalle sich wiederum ein Kreis ergibt. Bei der dreiquantigen Bahn ist die kleine Achse ein Drittel oder zwei oder drei Drittel der großen; bei der vierquantigen ein, zwei, drei oder vier Viertel der großen, und so fort. Im allgemeinen verhält sich die kleine Achse bei einer n-quantigen Bahn, also bei einer Bahn von der sogenannten Hauptquantenzahl n, zu der großen Achse wie $s : n$, wobei s eine ganze Zahl ist, die aber höchstens

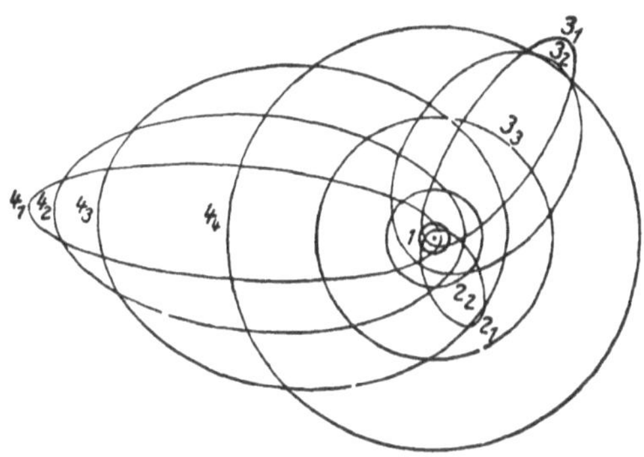

Fig. 24. Quantentheoretisch zulässige Ellipsenbahnen im Wasserstoffatom (nach SOMMERFELD).

(für den Sonderfall des Kreises) ebenso groß wie n sein kann. Diese Zahl s stellt dann die Nebenquantenzahl dar, die für die betreffende Bahn charakteristisch ist. Unter den Bahnen, die zu derselben Hauptquantenzahl gehören, ist die von der Nebenquantenzahl Eins immer die gestreckteste; zugleich ist sie aber auch, da die Bewegung um den Atomkern als Brennpunkt erfolgt, die exzentrischeste, so daß bei ihr das umlaufende Elektron dem Kern näher kommt als in allen anderen Bahnen von derselben Hauptquantenzahl. Berücksichtigen wir schließlich, daß sich die Längen der großen Achsen in dem ein-, zwei-, drei-, vierquantigen Zustand nach dem früher Gesagten wie 1 4 : 9 16 verhalten, so ergibt sich das in Fig. 24 dargestellte Schema der Ellipsenbahnen im Wasserstoffatom. In den neben den Bahnen angegebenen Zahlensymbolen bedeutet die große Zahl die Hauptquantenzahl, die kleinere, als Index beigefügte, die Nebenquantenzahl.

Die relativistische Aufspaltung

Obwohl durch die Annahme der Ellipsenform die Mannigfaltigkeit der Elektronenbahnen wesentlich vermehrt erscheint, so ergibt sich gleichwohl, vom Standpunkte der sogenannten „klassischen" Mechanik aus, hierdurch noch keine Vermehrung der Energiestufen. Es zeigt sich nämlich, daß allen Ellipsen, die um den Kern als Brennpunkt mit derselben großen Achse beschrieben werden, dieselbe Energie zukommt, wie lang auch immer die kleine Achse sein mag. Nur dann ergibt sich ein recht geringer Unterschied in den zugehörigen Energiewerten, wenn ein Satz berücksichtigt wird, den im Gegensatz zu der sogenannten klassischen Mechanik die moderne Relativitätstheorie liefert. Nach diesem Satze ist die Masse eines Körpers nicht konstant, sondern sie nimmt mit wachsender Geschwindigkeit allmählich zu. Wohl ist diese Abhängigkeit der Masse von der Geschwindigkeit sogar bei einer rasenden Schnelligkeit von einigen Kilometern in der Sekunde vollkommen bedeutungslos; hingegen muß sie bei Bewegungen merklich werden, deren Geschwindigkeit nicht mehr als allzu klein neben der Lichtgeschwindigkeit angesehen werden darf. Wie schon erwähnt wurde, betragen aber die Elektronengeschwindigkeiten im Wasserstoffatom immerhin einige Promille der Lichtgeschwindigkeit. Wird die Massenveränderlichkeit berücksichtigt, so erweisen sich die Energiewerte, die verschiedenen Bahnen von gleicher Hauptquantenzahl zukommen, als ein wenig untereinander verschieden. Der zweiquantige Spektralterm wird derart in zwei, ein wenig verschiedene Terme aufgespalten, der dreiquantige in drei, der vierquantige in vier, und so fort. Dadurch ergibt sich auch eine größere Mannigfaltigkeit von Spektrallinien und, wie Sommerfeld zeigte, eine mit der tatsächlichen Beobachtung vollkommen übereinstimmende Erklärung der Feinstruktur in den Spektren des Wasserstoffs und des ionisierten Heliums.

Da die in den Atomen umlaufenden Elektronen eine elektrische Ladung tragen, so sind von vorneherein Veränderungen in den Spektren für den Fall zu erwarten, daß ein leuchtendes Gas oder ein leuchtender Dampf einem starken elektrischen Felde ausgesetzt wird. In der Tat vermochte im Jahre 1913 STARK eine im elektrischen Felde eintretende Aufspaltung der Spektrallinien experimentell nachzuweisen. Bei Anwendung genügend starker Felder überwiegt diese elektrische Aufspaltung weitaus über die relativistische, die daneben ganz unbedeutend erscheint. Von besonderer Einfachheit und Regelmäßigkeit ist der sogenannte STARK-Effekt bei den Wasserstofflinien. An die Stelle einer jeden einzelnen Linie tritt eine Reihe symmetrisch angeordneter sogenannter Komponenten. Deren Abstände von der ursprünglichen Linie erweisen sich als genau ganzzahlige Vielfache einer und derselben Größe, die das Produkt aus einer universellen Konstanten und der elektrischen Feldstärke darstellt. Hierbei treten indessen keineswegs alle ganzen Zahlen auf, sondern nur bestimmte auserwählte „Ordnungszahlen"; und welche diese sind, hängt wiederum von den Hauptquantenzahlen der Bahnen ab, zwischen denen der Übergang erfolgt, der die aufgespaltene Linie hervorruft. Im übrigen zerfallen die Komponenten in zwei Gruppen, die man gewöhnlich als p- und q-Komponenten unterscheidet. Beobachtet man die Aufspaltung in der Richtung des elektrischen Feldes — man spricht dann von einem Longitudinal-Effekt —, so erscheinen nur die q-Komponenten. Blickt man hingegen quer zu der Richtung des Feldes, so nimmt man — im Transversal-Effekt — auch die p-Komponenten wahr, die bei geeigneter Versuchsanordnung auch allein sichtbar werden können.

Der STARK-Effekt

Fig. 25 gibt photographische Aufnahmen des STARK-Effekts bei drei Wasserstofflinien wieder, nämlich bei der blauen Linie H_β, der blauvioletten Linie H_γ und der violetten Linie H_δ (also bei der zweiten, dritten und vierten

Die Ordnungszahlen der elektrischen Aufspaltung

Linie der Balmer-Serie). In den Photographien sind oben die p-, unten die q-Komponenten wahrnehmbar. Eingehender und schematisch ist die Aufspaltung der Linie H_γ in

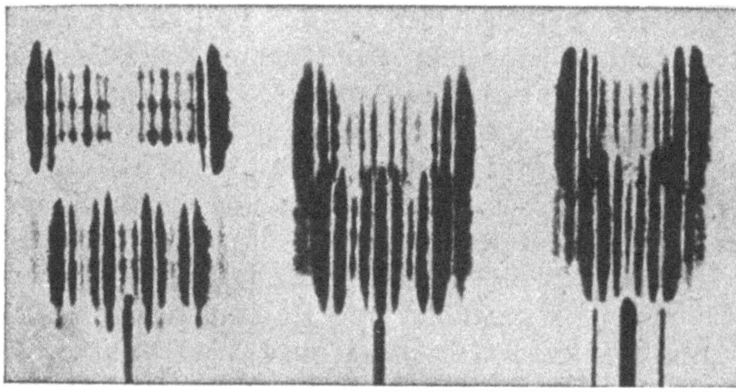

Fig. 25. Stark-Effekt bei den Wasserstofflinien H_δ, H_γ und H_β (nach Stark).

Fig. 26 und die Aufspaltung der Linie H_δ in Fig. 27 wiedergegeben. Die verschiedenen Intensitäten der einzelnen Komponenten sind dabei durch verschiedene Längen der Striche

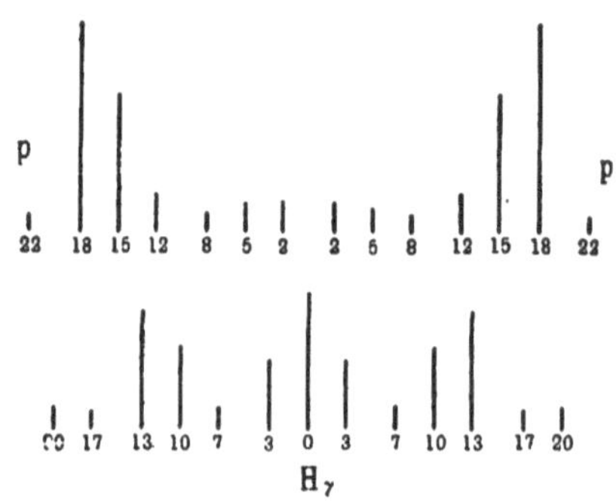

Fig. 26. Zerlegung der Linie H_γ im elektrischen Feld. (Nach Stark und Sommerfeld.)

symbolisch zum Ausdruck gebracht (so daß dem längsten Strich die stärkste Komponente entspricht). Das Wunderbare ist nun, daß die auf Grund der Quantelungsprinzipe ausgebildete Theorie des STARK-Effekts sowohl bei den p- als auch bei den q-Komponenten der Wasserstofflinien ganz dieselben Ordnungszahlen liefert, wie sie der experimentelle Befund ergibt (also z. B. 0, 3, 7, 10, 13, 17 und 20 bei den q-Komponenten der Linie H_γ). Auch stimmt die gemessene Breite der Aufspaltung vollkommen mit der

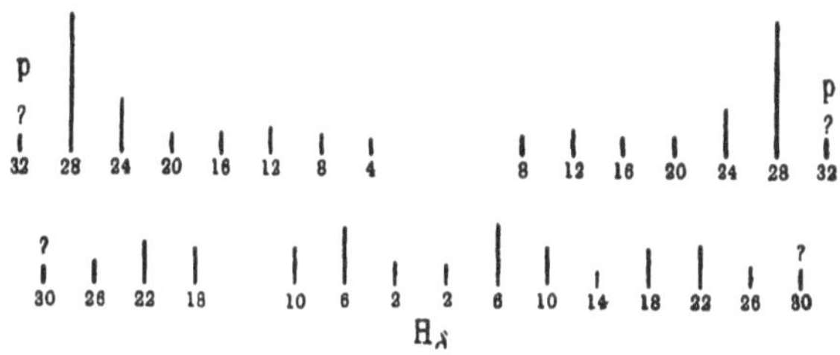

Fig. 27. Aufspaltung der Linie H$_\delta$ im elektrischen Feld. (Nach STARK und SOMMERFELD.)

durch die Theorie vorausgesagten überein. Der STARK-Effekt der Wasserstofflinien stellt so den schönsten und überzeugendsten experimentellen Beweis dafür dar, daß in der Tat ganzzahlige Beziehungen alles atomare Geschehen beherrschen.

SECHSTER VORTRAG

DIE GRUNDSTOFFE

Die natürliche Reihe der Grundstoffe

Aus der Vorstellung des Kernatoms folgt, wie bereits in einem früheren Vortrag dargelegt wurde, daß jede Atomart durch zwei ganze Zahlen charakterisiert ist. Die eine ist die Kernladungszahl, der im neutralen Zustand des Atoms die Zahl der den Kern umgebenden Elektronen gleich ist; die andere ist das Atomgewicht, das zugleich die Zahl der im Atom vorhandenen Protonen angibt. Die schon früher besprochene Tatsache der Isotopie beweist indessen, daß das Atomgewicht als solches für das chemische Verhalten bedeutungslos ist; es führt nur zu der Unterscheidung verschiedener Arten desselben Grundstoffs. Der Atomforschung entstand somit das vom physikalischen wie vom chemischen Standpunkte aus gleich bedeutungsvolle Problem, die Kernladungszahlen aller bekannten Elemente zu ermitteln. Aus den in dem letzten Vortrag besprochenen Gesetzmäßigkeiten der Spektren des Wasserstoffs und des Heliums folgt jedenfalls, daß diesen beiden leichtesten Grundstoffen die Kernladungszahlen Eins und Zwei zukommen. Diese beiden Elemente müssen somit den Beginn einer Reihe bilden, in der die Elemente nach fortschreitender Kernladungszahl angeordnet sind. Die tatsächliche Aufstellung dieser sogenannten natürlichen Reihe der Grundstoffe ist durch die Entdeckung der Röntgenspektren ermöglicht worden.

Die Eigenstrahlung

Wenn ein Körper von Röntgen- oder von Kathodenstrahlen getroffen wird, so gehen in der Regel von ihm selbst wiederum Röntgenstrahlen aus. In diesen sind nun besonders stark Strahlen von ganz bestimmten Wellenlängen vertreten, die für die in dem strahlenden Körper enthaltenen Grundstoffe ebenso charakteristisch sind wie deren optische Spektrallinien. Diese Erscheinung der sogenannten Eigenstrahlung der Grundstoffe wurde im Jahre 1905 von BARKLA entdeckt, der damals allerdings Wellenlängen noch nicht zu messen, sondern nur die Röntgenstrahlen nach ihrem Durchdringungsvermögen, nach ihrer sogenannten Härte zu unterscheiden vermochte.

Die Röntgenspektren

Die schon in einem früheren Vortrage erwähnte Entdeckung LAUES bot dann die Möglichkeit, durch die Verwendung von Kristallen als natürlichen Beugungsgittern die Wellenlängen von Röntgenstrahlen genau zu messen; und durch langsame Drehung eines Kristalles gelang es zuerst im Jahre 1913 MOSELEY, die Eigenstrahlung in ähnlicher Weise in ein Röntgenspektrum aufzulösen, wie dies bei sichtbaren Lichtstrahlen mittels der in der Optik üblichen Gitter möglich ist. Ebenso wie die optischen Linienspektren konnten derart auch die ebenfalls aus einzelnen Linien zusammengesetzten Röntgenspektren der Grundstoffe photographiert werden. Die Zahl der für ein Element charakteristischen Röntgenlinien beträgt, wenn von den leichtesten Grundstoffen abgesehen wird, etwa zwischen 10 und 40. Die Linien lassen sich in Gruppen zusammenfassen, von denen eine, die als K-Serie bezeichnet wird, die kürzestwellige (oder, wie man sagt, die härteste) ist. Wesentlich längerwellig (also weicher) ist die L-Serie, noch längerwellig eine M- und eine N-Serie. Hierbei handelt es sich allerdings nicht um Serien in demselben Sinne wie bei den optischen Spektren; es fehlt vor allem die für diese charakteristische Konvergenz der Linien. Die wesentlichen Verschiedenheiten zwischen den Röntgen- und den optischen Spektren erklären sich, wovon später noch eingehender die Rede sein wird, aus der verschiedenen Art ihrer Entstehung. Als Beispiel einer Röntgenserie ist in Fig. 28 (auf Tafel III) die L-Serie des Rhodiums wiedergegeben.

Die MOSELEYsche Reihe

Als nun MOSELEY für die verschiedenen Grundstoffe die Photographien der Röntgenspektren miteinander verglich, da stellte er zunächst fest, daß im allgemeinen eine und dieselbe Serie um so kürzerwellig ist, je höher das Atomgewicht ist. Er machte weiterhin aber auch die überraschende Entdeckung, daß sich nach den Röntgenspektren die Elemente in eine Reihe ordnen lassen, innerhalb deren von Grundstoff zu Grundstoff die Verschiebung der einzelnen Röntgenlinien in strenger Gesetzmäßigkeit erfolgt, so daß sich jede Lücke in dieser Reihe sogleich durch

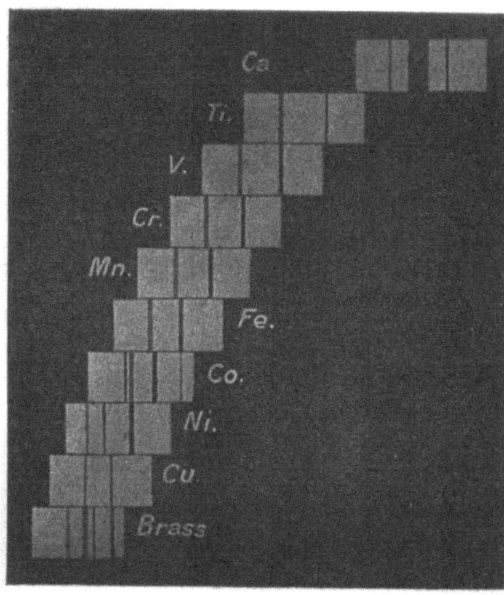

Fig. 29. *K*-Serie aufeinanderfolgender Elemente (nach MOSELEY).

einen zu großen Sprung offenbart. Die Aufeinanderfolge ist in dieser von MOSELEY aufgefundenen Reihe fast ganz dieselbe wie in einer Reihe, die nach steigendem Atomgewicht gebildet ist. Aber während in einer solchen Reihe die Zunahme des Atomgewichtes keineswegs eine regelmäßige ist, erfolgt innerhalb der von MOSELEY entdeckten Reihe die Verschiebung der Röntgenlinien mit der denkbar vollkommensten Genauigkeit. In der historisch interessanten Fig. 29, die von MOSELEY selbst stammt, sieht man die beiden stärkeren *K*-Linien in den Röntgenspektren einiger aufeinanderfolgender Elemente. Die photographischen Bilder sind so angeordnet, daß übereinander liegenden Stellen die gleiche Wellenlänge entspricht. Die Wellenlänge nimmt von links nach rechts, die Frequenz also von rechts nach links zu, so daß in Fig. 29 das Element, das in der MOSELEYschen Reihe die niedrigere Nummer hat, oberhalb

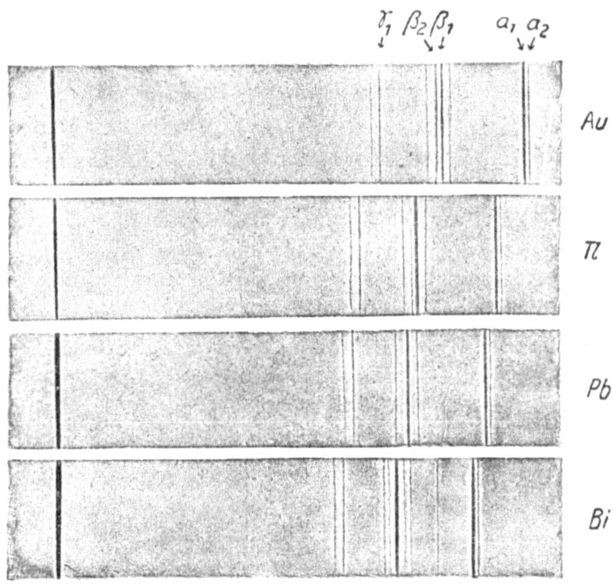

Fig. 30. *L*-Serie benachbarter Grundstoffe (nach SIEGBAHN). (Aus FAJANS, Die Radioaktivität, 4. Auflage, Braunschweig, Verlag Vieweg, 1922.)

des Elementes mit der höheren Nummer liegt. Die Aufnahmen beziehen sich auf die Elemente: Calcium, Titan, Vanadium, Chrom, Mangan, Eisen, Kobalt, Nickel, Kupfer und Zink. Zink wurde aus technischen Gründen in Form der Legierung mit Kupfer als Messing (englisch „brass“) verwendet. Die Aufnahmen zeigen deutlich, daß die genannten Elemente in der MOSELEYschen Reihe aufeinanderfolgen, daß aber zwischen dem Calcium und dem Titan noch ein Element fehlt (es ist das Scandium, das wegen seiner Seltenheit MOSELEY damals nicht zur Verfügung stand). Ferner zeigen, was besonders bemerkenswert ist, die Bilder, daß in der nach MOSELEYS Prinzip gebildeten Reihe das Kobalt dem Nickel vorangeht, obwohl es ein höheres Atomgewicht hat, nämlich 58,97 gegenüber 58,68. Messing zeigt sowohl die für Zink als auch die für Kupfer charakteristischen Linien; bei Kobalt sind Verunreinigungen durch Nickel und Eisen erkennbar. — Fig. 30 zeigt nach Aufnahmen von SIEGBAHN (dem heute führenden Forscher auf dem Gebiete der Röntgenspektroskopie) die *L*-Serie der in der MOSELEYschen Reihe einander benachbarten Grundstoffe Gold, Thallium; Blei und Wismut. Diese Figur zeigt deutlich, daß zwischen Gold und Thallium noch ein Platz für ein Element vorhanden ist; es ist dies, wie die Betrachtung der Atomgewichte erkennen läßt, das Quecksilber, das sich weder als flüssiger Grundstoff noch auch in seinen festen Verbindungen als Material zur Erzeugung von Röntgenspektren eignet. Die röntgenspektroskopisch zu untersuchenden Stoffe müssen nämlich, da man auf sie in den Röntgenröhren Kathodenstrahlen auftreffen läßt, fest und überdies sehr hitzebeständig sein.

Die Vervollständigung der natürlichen Reihe

Durch direkte, mit Hilfe von Kristallen ausgeführte röntgenspektroskopische Messungen ist es möglich gewesen, die MOSELEYsche Reihe von dem Natrium an bis zu dem Grundstoff mit dem höchsten Atomgewicht, dem Uran, eindeutig festzustellen. Die wenigen Lücken, die die spektroskopische Untersuchung offen ließ, konnten hierbei, soweit sie bekannte Elemente betrafen, leicht auf Grund der Atomgewichte (sowie der später zu erörternden chemischen Periodizität) ausgefüllt werden. In einer nach steigendem Atomgewicht gebildeten Reihe nimmt nun das Natrium den elften Platz ein. Gibt man ihm daher in der MOSELEYschen Reihe ebenfalls die Nummer 11, so erhält das Uran die Nummer 92. Aber auch für die Elemente, deren Atomgewicht kleiner als das des Natriums ist, konnten zum großen Teile charakteristische Wellenlängen im Grenzgebiet zwischen den Röntgenstrahlen und den ultravioletten Strahlen nach indirekten Methoden ermittelt werden. Diese Messungen haben den Nachweis dafür erbracht, daß die indirekte Fortsetzung der MOSELEYschen Reihe über das Natrium hinaus in der Tat für Helium eine um 9 niedrigere Nummer als für Natrium ergibt, also die Nummer 2. Da aber andererseits, wie schon früher erwähnt wurde, für Helium die Kernladungszahl 2 feststeht, so erweist sich somit die MOSELEYsche Reihe als identisch mit der natürlichen Reihe, in der die Elemente nach steigender Kernladungszahl geordnet sind. Einen unmittelbaren Beweis für die Übereinstimmung der MOSELEYschen sogenannten Ordnungszahlen mit den Kernladungszahlen bieten die in dem zweiten Vortrag besprochenen Experimente von CHADWICK über den Durchgang von α-Strahlen durch Metallfolien. Diese Versuche ergaben, wie schon erwähnt wurde, für die Kernladungszahl bei Kupfer 29, bei Silber 46 oder 47, bei Platin 77 oder 78. Die auf Grund der röntgenspektroskopischen Messungen für die drei Metalle ermittelten MOSELEYschen Ordnungszahlen sind aber 29, 47 und 78.

Die natürliche Reihe der Grundstoffe ist in der Tabelle I dargestellt, in der für jedes Element die Ordnungs- oder Kernladungszahl, das chemische Symbol, der Name, das sogenannte „praktische“ Atomgewicht, die Zahl der bekannten isotopen Grundstoffarten und deren Massenzahlen verzeichnet sind. Nach dem gegenwärtigen Stande der Forschung weist die Reihe nur zwei Lücken auf; sie betreffen die unbekannten Grundstoffe mit den Ordnungszahlen 85 und 87. Elemente mit höheren Kernladungszahlen als 92 sind, wenigstens zurzeit, nicht bekannt. An vier Stellen geht, wie die Tabelle I zeigt, ein Element mit höherem Atomgewicht einem solchen mit etwas niederem voraus; außer in dem schon erwähnten Fall des Kobalts und Nickels trifft dies auch für Argon und Kalium zu (Nr. 18 und 19), für Tellur und Jod (Nr. 52 und 53) und vermutlich auch für Thorium und Protaktinium (Nr. 90 und 91). Bemerkenswert ist, daß im allgemeinen die Grundstoffe mit gerader Ordnungszahl weit häufiger als die mit ungerader sind. Die Tabelle der Grundstoffe

Tabelle I.

Die natürliche Reihe der Grundstoffe.

Ordnungs-zahl	Symbol	Name	Atom-gewicht	Anzahl der Atom-arten	Massenzahlen der Isotopen (nach der Beteiligung an der Mischung geordnet)
1	H	Wasserstoff	1,008	1	1
2	He	Helium	4,00	1	4
3	Li	Lithium	6,94	2	7, 6
4	Be	Beryllium	9,02	1	9
5	B	Bor	10,82	2	11, 10
6	C	Kohlenstoff	12,00	1	12
7	N	Stickstoff	14,008	1	14
8	O	Sauerstoff	16,000	1	16
9	F	Fluor	19,00	1	19
10	Ne	Neon	20,2	2 (3)	20, 22 (21)
11	Na	Natrium	23,00	1	23
12	Mg	Magnesium	24,32	3	24, 25, 26
13	Al	Aluminium	26,97	1	27
14	Si	Silicium	28,06	3	28, 29, 30
15	P	Phosphor	31,04	1	31
16	S	Schwefel	32,07	3	32, 34, 33
17	Cl	Chlor	35,46	2	35, 37
18	Ar	Argon	39,88	2	40, 36
19	K	Kalium	39,10	2	39, 41
20	Ca	Calcium	40,07	2	40, 44
21	Sc	Scandium	45,10	1	45
22	Ti	Titan	48,1	1 (2)	48 (50)
23	V	Vanadium	51,0	1	51
24	Cr	Chrom	52,01	1	52
25	Mn	Mangan	54,93	1	55
26	Fe	Eisen	55,84	2	56, 54
27	Co	Kobalt	58,97	1	59
28	Ni	Nickel	58,68	2	58, 60
29	Cu	Kupfer	63,57	2	63, 65
30	Zn	Zink	65,37	4	64, 66, 68, 70
31	Ga	Gallium	69,72	2	69, 71
32	Ge	Germanium	72,60	3	74, 72, 70
33	As	Arsen	74,96	1	75
34	Se	Selen	79,2	6	80, 78, 76, 82, 77, 74
35	Br	Brom	79,92	2	79, 81
36	Kr	Krypton	82,9	6	84, 86, 82, 83, 80, 78
37	Rb	Rubidium	85,5	2	85, 87
38	Sr	Strontium	87,6	2	88, 86
39	Y	Yttrium	89,0	1	89
40	Zr	Zirkonium	91,2	3 (4)	90, 94, 92 (96)
41	Nb	Niobium	93,5		
42	Mo	Molybdän	96,0		
43	Ms	Masurium			

Ordnungs-zahl	Symbol	Name	Atom-gewicht	Anzahl der Atom-arten	Massenzahlen der Isotopen (nach der Beteiligung an der Mischung geordnet)
44	Ru	Ruthenium	101,7		
45	Rh	Rhodium	102,9		
46	Pd	Palladium	106,7		
47	Ag	Silber	107,88	2	107, 109
48	Cd	Cadmium	112,4	6	114, 112, 110, 113, 111, 116
49	In	Indium	114,8	1	115
50	Sn	Zinn	118,7	7 (8)	120, 118, 119, 124, 119, 117, 122 (121)
51	Sb	Antimon	121,8	2	121, 123
52	Te	Tellur	127,5	3	128, 126, 130
53	J	Jod	126,92	1	127
54	X	Xenon	130,2	9	129, 132, 131, 134, 136, 124, 126, 128, 130
55	Cs	Cäsium	132,8	1	133
56	Ba	Barium	137,4	1 (2)	138 (136)
57	La	Lanthan	138,9	1	139
58	Ce	Cerium	140,2	2	140, 142
59	Pr	Praseodym	140,9	1	141
60	Nd	Neodym	144,3	3 (4)	142, 144, 146 (145)
61	Il	Illinium			
62	Sm	Samarium	150,4		
63	Eu	Europium	152,0		
64	Gd	Gadolinium	157,3		
65	Tb	Terbium	159,2		
66	Dy	Dysprosium	162,5		
67	Ho	Holmium	163,5		
68	Er	Erbium	167,7		
69	Tu	Thulium	169,4		
70	Yb	Ytterbium	173,5		
71	Cp	Cassiopeium	175,0		
72	Hf	Hafnium	178,6		
73	Ta	Tantal	181,5		
74	W	Wolfram	184,0		
75	Re	Rhenium			
76	Os	Osmium	190,9		
77	Ir	Iridium	193,1		
78	Pt	Platin	195,2		
79	Au	Gold	197,2		
80	Hg	Quecksilber	200,6	6	202, 200, 199, 198, 201, 204
81	Tl	Thallium	204,4		
82	Pb	Blei	207,2		
83	Bi	Wismut	209,0	1	209
84	Po	Polonium	(210)		
85	—	—			
86	Em	Emanation	222		
87	—				

Ordnungszahl	Symbol	Name	Atomgewicht	Anzahl der Atomarten	Massenzahlen der Isotopen (nach der Beteiligung an der Mischung geordnet)
88	Ra	Radium	226,0		
89	Ac	Actinium	(226)		
90	Th	Thorium	232,1		
91	Pa	Protactinium	(230)		
92	U	Uran	238,2		

Die eingeklammerten Zahlen betreffen noch unsichere Versuchsergebnisse. Nicht berücksichtigt sind in dieser Tabelle die radioaktiven Isotopen, über die die spätere Tabelle V Aufschluß gibt.

Aus folgenden Grundstoffen konnten durch Kernzertrümmerung Protonen frei gemacht werden: 4 Be, 5 B, 6 C, 7 N, 8 O, 9 F, 10 Ne, 11 Na, 12 Mg, 13 Al, 14 Si, 15 P, 16 S, 17 Cl, 18 A, 19 K, 22 Ti, 23 V, 24 Cr, 26 Fe, 29 Cu, 34 Se, 40 Zr.

Die Zahl der Isotopen

Auf Isotopie sind nach dem Stande der Forschung vom Sommer 1926 bereits 56 Elemente mittels der (im zweiten Vortrag erwähnten) massenspektroskopischen Methode untersucht worden. Hierbei wurden etwa 120 bis 130 Grundstoffarten festgestellt. 23 Elemente haben sich als sogenannte Reinelemente erwiesen, in dem Sinne, daß bei ihnen eine Beimengung von Isotopen zu gering ist, um festgestellt werden zu können (bei einem Mischungsverhältnis von 1 zu 1000 kann indessen noch das seltenere Isotop nachgewiesen werden). Bezüglich der Isotopenzahl besteht ein deutlicher Unterschied zwischen den Elementen mit gerader und jenen mit ungerader Ordnungzahl. Letztere sind verhältnismäßig isotopenarm. Sie sind entweder Reinelemente, oder weisen sie nur zwei Isotope auf, deren Massenzahlen (mit alleiniger Ausnahme von Lithium und Bor am Anfang der Reihe) beide ungerade und um zwei verschieden sind. Eine größere Isotopenzahl als zwei ist nur bei Grundstoffen mit gerader Ordnungszahl festgestellt worden; die größte, nämlich neun, bei Xenon, bei dem der Unterschied der Massenzahlen zwischen dem leichtesten und dem schwersten Isotop nicht weniger als 12 beträgt.

Die Trennung von Isotopen

Im chemischen Verhalten stimmen Isotope vollkommen überein, so daß sich eine Trennung nach chemischen Methoden als undurchführbar erweist. Eine Möglichkeit einer Separation wird höchstens durch solche Methoden eröffnet, die die Verschiedenheit der Massen benutzen. In der Tat ist es BRÖNSTED und HEVESY gelungen, durch sukzessive Verdampfungen zwei Quecksilbersorten herzustellen, deren Dichte sich um etwa ein halbes Promille unterscheidet.

Die Atomgewichte der Mischelemente

Infolge der praktischen Untrennbarkeit der Isotopen muß natürlich ein einmal irgendwie hergestelltes Mischungsverhältnis von Isotopen dauernd erhalten bleiben. Hieraus und aus der Annahme eines ursprünglich gasförmigen Zustandes der Erde erklärt es sich ohne weiters, daß sich die „praktischen Atomgewichte" der Mischelemente stets mit denselben Werten ergeben. Bemerkenswert ist aber, daß auch Atomgewichtsbestimmungen, die an Bestandteilen von Meteoriten, also an Körpern außerirdischen Ursprungs, durchgeführt wurden, keine Abweichungen von den sonst bekannten Atomgewichtszahlen ergaben.

Das Atomgewicht des Bleis

Unter den auf der Erde vorkommenden (und nicht radioaktiven) Grundstoffen gibt es nun einen, bei dem die Physiker annehmen, daß er teilweise das Produkt von langsamen Grundstoffumwandlungen ist, die sich erst nach der Erstarrung der Erdrinde vollzogen haben. Es ist dies das Blei, das sich (wie in einem späteren Vortrag eingehend besprochen werden wird) allmählich sowohl aus Uran als auch aus Thorium (dem drittletzten Element der natürlichen Reihe) bildet. In der Tat findet sich Blei stets sowohl in Uran- als auch in Thormineralien, und es waren daher verschiedene Resultate von Atomgewichtsbestimmungen zu erwarten, je nachdem ob sie an „gewöhnlichem" Blei vorgenommen wurden oder an Blei, das aus Uranmineralien, oder schließlich an solchem, das aus Thormineralien gewonnen wurde. Die exakten Bestimmungen haben im Jahre 1914 die Richtigkeit dieser zuerst von SODDY geäußerten Vermutung erwiesen. Während sich das Atomgewicht des gewöhnlichen Bleis zu 207,2 ergibt, hat man bei

Blei aus Uranmineralien Atomgewichte bis hinab zu 206,05, bei Blei aus Thormineralien bis hinauf zu 207,9 gemessen.

Die Grundstoffgruppen

Wenn nun auch isotope Stoffe in den chemischen und in den wesentlichen physikalischen Eigenschaften vollkommen übereinstimmen, so bleibt doch noch eine fast hundertfache Mannigfaltigkeit von Grundstoffen übrig, deren jeder andere Eigenschaften aufweist. Aber auch diese große Mannigfaltigkeit läßt sich noch weiter vereinfachen. Wie schon in der ersten Hälfte des 19. Jahrhunderts die fortschreitende Chemie immer deutlicher erkennen ließ, können nämlich innerhalb des Grundstoffsystems Gruppen unterschieden werden, die Elemente mit ähnlichen chemischen und physikalischen Eigenschaften vereinigen. Es besteht beispielsweise eine enge Verwandtschaft zwischen Fluor, Chlor, Brom und Jod, die als Halogene bezeichnet werden, oder zwischen Lithium, Natrium und Kalium, die die Alkalimetalle genannt werden und zu denen bald nach der Erfindung der Spektralanalyse noch die mit deren Hilfe entdeckten Metalle Rubidium und Cäsium hinzukamen. Ein durchaus analoges Verhalten zeigen in vieler Hinsicht untereinander Kupfer, Silber und Gold, oder die alkalischen Erdmetalle (Beryllium, Magnesium, Calcium, Strontium, Barium und Radium) oder Chrom, Molybdän, Wolfram und Uran. Ganz besonders auffällig ist aber die Übereinstimmung wesentlicher Eigenschaften bei einer Gruppe von Elementen, die erst am Ende des 19. Jahrhunderts entdeckt wurden. Sie sind durchwegs gasförmig und dadurch ausgezeichnet, daß sie im Gegensatze zu allen anderen Grundstoffen keine chemischen Verbindungen eingehen. Sie werden darum als Edelgase bezeichnet. Zu ihnen gehören außer dem schon öfter erwähnten Helium noch Neon, Argon, Krypton, Xenon und die Emanation.

Die Differenzen der Ordnungszahlen innerhalb einer Gruppe

Zu einer bedeutungsvollen Erkenntnis führt nun eine Vergleichung der Ordnungszahlen der zu einer Gruppe gehörigen Elemente. Die Ordnungszahlen sind:

bei den Halogenen	9, 17, 35, 53;
bei den Alkalimetallen	3, 11, 19, 37, 55;

bei der Kupfergruppe	29, 47, 79;
bei den alkalischen Erdmetallen	4, 12, 20, 38, 56, 88;
bei der Chromgruppe	24, 42, 74, 92;
bei den Edelgasen	2, 10, 18, 36, 54, 86.

Wie diese Zusammenstellung zeigt beträgt die Differenz der Ordnungszahlen zweier innerhalb einer Gruppe benachbarter Grundstoffe stets 8, 18 oder 32, und auch diese drei Zahlen stehen wiederum untereinander in einem einfachen arithmetischen Zusammenhang; es ist nämlich:

$$8 = 2 \times 2 \times 2\,,$$
$$18 = 2 \times 3 \times 3\,,$$
$$32 = 2 \times 4 \times 4$$

Die Perioden der Grundstoffreihe

In der Grundstoffreihe lassen sich derart gewisse Perioden unterscheiden, und am zweckmäßigsten wählt man diese so, daß man jede Periode mit einem Alkalimetall beginnen und mit einem Edelgas enden läßt. Ihre Berechtigung findet diese Art der Periodenabgrenzung einerseits in einer auffallenden Ähnlichkeit, die vor allem in spektroskopischer Hinsicht die Alkalimetalle mit dem Wasserstoff zeigen, andererseits in der vorhin erwähnten chemischen Passivität der Edelgase. Indem man die ersten zwei, dem Lithium vorangehenden Elemente zu der ersten Periode zusammenfaßt, zerfällt derart die Grundstoffreihe in sieben Perioden. Die erste besteht aus Wasserstoff und Helium; die zweite (3 Lithium bis 10 Neon) und die dritte (11 Natrium bis 18 Argon) umfassen je acht Elemente. Die vierte Periode (19 Kalium bis 36 Krypton) besteht ebenso wie die fünfte (37 Rubidium bis 54 Xenon) aus achtzehn Grundstoffen. Die sechste Periode umfaßt 32 Stellen (von 55 Cäsium bis zu 86 Emanation). Die siebente Periode endlich, die mit dem unbekannten Element Nr. 87 beginnt, ist nur bis zur sechsten Stelle (92 Uran) bekannt.

Das periodische System

Indem man die einzelnen Perioden der Grundstoffreihe untereinander schreibt, ist nun eine Anordnung möglich, bei der in den einzelnen, sich so ergebenden „Vertikalreihen“ einander ähnliche Elemente verzeichnet sind. Diese in der Tabelle II wiedergegebene Anordnung wird als das perio-

Tabelle II.

Das periodische System der Elemente.

	I a	I b	II a	II b	III a	III b	IV a	IV b	V a	V b	VI a	VI b	VII a	VII b	VIII a	VIII b
1	1 H															2 He
2	3 Li		4 Be			5 B		6 C		7 N		8 O		9 F		10 Ne
3	11 Na		12 Mg			13 Al		14 Si		15 P		16 S		17 Cl		18 A
4	19 K	29 Cu	20 Ca	30 Zn	21 Sc	31 Ga	22 Ti	32 Ge	23 V	33 As	24 Cr	34 Se	25 Mn	35 Br	26 Fe 27 Co 28 Ni	36 Kr
5	37 Rb	47 Ag	38 Sr	48 Cd	39 Y	49 In	40 Zr	50 Sn	41 Nb	51 Sb	42 Mo	52 Te	43 Ms	53 J	44 Ru 45 Rh 46 Pd	54 X
6	55 Cs	79 Au	56 Ba	80 Hg	57—71 seltene Erden	81 Tl	72 Hf	82 Pb	73 Ta	83 Bi	74 W	84 Po	75 Re	85	76 Os 77 Ir 78 Pt	86 Em
7	87		88 Ra		89 Ac		90 Th		91 Pa		92 U					

dische System der Elemente bezeichnet. In ihm unterscheidet man zweckmäßig acht Gruppen mit je zwei Untergruppen; doch sind natürlich erst von der vierten Periode an beide Untergruppen vertreten. Die Untergruppe VIIIa weist nicht einzelne Elemente auf, sondern vereinigt stets je drei Elemente zu einer sogenannten Triade. Die Glieder einer Triade zeigen wiederum untereinander eine weitgehende Ähnlichkeit, wie beispielsweise die drei „Platinmetalle" Osmium, Iridium und Platin. Eine merkwürdige Sonderstellung nimmt in der sechsten Periode eine fünfzehn Elemente umfassende Gruppe ein, die in dieser Periode den Platz der Vertikalreihe IIIa erfüllt; es sind dies die sogenannten seltenen Erden, die untereinander im chemischen und physikalischen Verhalten ziemlich übereinstimmen und die auch gewöhnlich miteinander vermengt vorkommen. Die chemische Periodizität wurde übrigens bereits im Jahre 1869 von MENDELEJEFF und gleichzeitig auch von Lothar MEYER entdeckt, allerdings nur an einer noch recht unvollständigen und lückenhaften Reihe, die die beiden Forscher bloß nach steigenden Atomgewichten zu bilden vermochten, und in der eine eindeutige Numerierung der Grundstoffe selbstverständlich noch nicht möglich war. Vielfach hat die chemische Periodizität auch zu der Entdeckung neuer Elemente geführt, deren Eigenschaften eben auf Grund des periodischen Systems vorausgesagt werden konnten. Dies war schon bald nach der Aufstellung des Systems bei Gallium und Germanium, den selteneren Homologen von Aluminium und Silicium, der Fall. 1922 wurde das Hafnium als Homolog des Zirkons entdeckt, 1925 die beiden höheren und viel selteneren Homologen des Mangans, die die Namen Masurium und Rhenium erhielten, 1926 als seltene Erde das Illinium. Aus dem periodischen System folgt auch, daß von den beiden noch unbekannten Elementen Nr. 85 ein Halogen und Nr. 87 ein Alkalimetall sein müssen

Die atomphysikalische Deutung der chemischen Periodizität

Vom atomphysikalischen Standpunkt sind nun offenbar diejenigen Eigenschaften der Atome, die ihr chemisches Verhalten bestimmen, als periphere Eigenschaften zu deuten. Denn das Entstehen einer chemischen Verbindung wird von den Chemikern als eine Aneinanderlagerung einander anziehender Atome aufgefaßt. Andererseits ist aber, wie schon öfter erwähnt wurde, im neutralen Atomzustand die Zahl der den Kern umgebenden Elektronen, der „Planetenelektronen" der Ordnungszahl gleich. Aus der Periodizität der Grundstoffe müssen wir also wohl schließen, daß die den Kern umgebenden Elektronen verschiedene Gruppen bilden, von denen eine als die innerste, eine als die periphere anzusehen ist, während die anderen dazwischen liegen. Die periphere muß offenbar bei Elementen derselben Vertikalreihe eine ähnliche Struktur aufweisen, während andererseits von der Erreichung gewisser Kernladungszahlen an wohl auch die Entwicklung der einzelnen inneren Gruppen als abgeschlossen angesehen werden darf. Das Auftreten der merkwürdigen Zahlen 8, 18 und 32 in dem periodischen System läßt es aber jedenfalls vermuten, daß eine nicht bloß geometrische, sondern auch arithmetische Harmonie den Aufbau der winzigen Planetensysteme beherrscht, die die Kerne der Atome umgeben.

SIEBENTER VORTRAG

DAS ATOM ALS PLANETENSYSTEM

Das Problem der Elektronengruppierung

Die Frage, wie sich in den Atomen der verschiedenen Grundstoffe die Elektronen um den Kern gruppieren, stellt ein für die Physik wie für die Chemie gleich bedeutungsvolles Problem dar. Eine vollständige Beantwortung dieser Frage ist bisher allerdings nicht möglich gewesen; aber viele hierfür wertvolle Erkenntnisse wurden durch die Erforschung der Röntgenspektren und der optischen Spektren in Verbindung mit den Erscheinungen der chemischen Periodizität gewonnen.

Die *K*-Serie

Schon bald nach der Entdeckung der Röntgenspektren haben die Physiker erkannt, daß auch für diese Spektren, ebenso wie für die optischen, bestimmte Quantenbeziehungen erfüllt sind. Besonders deutlich zeigte sich dies bei der kürzestwelligen (also, wie man in der Röntgentechnik sagt, härtesten) Röntgenserie, der sogenannten *K*-Serie. In ihr fallen durch besondere Intensität zwei Linien auf, von denen die längerwellige und stärkere als die K_α-Linie bezeichnet wird, während die andere, kürzerwellige die K_β-Linie genannt wird (vgl. die frühere Fig. 29).

Die Frequenz der K_α-Linie

Die K_α-Linie zeigt nun eine nahe Verwandtschaft zu der ultravioletten Wasserstofflinie, die durch einen Übergang zwischen dem zwei- und dem einquantigen Zustand entsteht und die daher eine Frequenz von drei Vierteln der Rydbergschen Konstanten ($^3/_4\, R$) aufweist. In dem Spektrum des ionisierten Heliums hat (wie schon im fünften Vortrag erwähnt wurde) die Linie, die durch Übergang aus der zweiquantigen in die einquantige Bahn entsteht, eine viermal so große Frequenz (also 3 R), da die Kernladungszahl des Heliums zwei beträgt. Würde (was bisher experimentell allerdings nicht gelungen ist) ein Atom eines beliebigen Grundstoffs von der Ordnungszahl z dadurch wasserstoffähnlich gemacht, daß ihm alle Planetenelektronen bis auf eines entrissen würden, so müßte somit in dem Spektrum eines solchen Atoms die Linie, die durch Übergang aus dem zwei- in den einquantigen Zustand entsteht, die Frequenz $^3/_4 \times R \times z^2$ haben. In der Tat ergeben nun bei den verschiedenen Elementen die Wellenlängenmessungen für die Frequenz der K_α-Linie einen Ausdruck, der mit dem angegebenen nahezu übereinstimmt. Nur insoferne besteht ein kleiner Unterschied, als man sich die Ordnungszahl des betreffenden Elements noch um eine Konstante vermindert denken muß, die für alle Grundstoffe fast denselben Wert von ungefähr 1,6 hat (die Ordnungszahl z wäre also in dem vorhin angegebenen Ausdruck durch eine andere Zahl z' zu ersetzen, die um 1,6 kleiner ist).

Die Abschirmung

Aus dieser Gesetzmäßigkeit erkennen wir, daß die K_α-Linie durch einen Übergang eines Elektrons aus einer zweiquantigen in eine einquantige Bahn entsteht. Weiterhin müssen wir aber auch aus der Geringfügigkeit des an der Kernladungszahl vorzunehmenden Abzuges (1,6) folgern, daß sich der Übergang des Elektrons in ziemlicher Nähe des Kerns, also in der zentralen Region des Atoms vollzieht. Im allgemeinen wirkt nämlich der Kern auf ein Planetenelektron nicht mit seiner vollen Ladung, sondern ein Teil hiervon erscheint durch diejenigen Elektronen „abgeschirmt", die sich zwischen dem Planetenelektron und dem Kern befinden. Der abgeschirmte Teil der Ladung ergibt sich, indem das elektrische Elementarquantum mit einer Konstanten multipliziert wird, die eben für die Entstehung der K_α-Linie etwa 1,6 beträgt und die für alle Grundstoffe nahezu gleich ist. Diese Übereinstimmung der geringen Abschirmungskonstante führt endlich zu dem Schlusse, daß die innerste und wohl auch die zweitinnerste Elektronengruppe bei allen Grundstoffen gleich beschaffen sind (woferne von Grundstoffen mit ganz niedriger Ordnungszahl abgesehen wird).

Die quantentheoretische Deutung der Röntgenserien

Aus den Wellenlängenmessungen und dem MOSELEYschen Gesetz ergab sich auch leicht die quantentheoretische Deutung der anderen Röntgenlinien. Wie in der Formel für die Frequenz der K_α-Linie der Faktor $^3/_4$ vorkommt (d. i. $^1/_1 - ^1/_4$), so ist die K_β-Linie durch den Faktor $^8/_9$ (d. i. $^1/_1 - ^1/_9$) charakterisiert, die stärkste Linie der L-Serie, die L_α-Linie, durch den Faktor $^5/_{36}$ (d. i. $^1/_4 - ^1/_9$). Es kann also gar keinem Zweifel unterliegen, daß die K_β-Linie durch Übergang aus einem drei- in einen einquantigen, die L_α-Linie durch Übergang aus einem drei- in einen zweiquantigen Zustand entsteht. Für die L-Serie erweist sich indessen die Abschirmungskonstante als größer (etwa 3,5); auch ist sie nicht bei allen Grundstoffen gleich groß. Ganz allgemein entstehen alle Linien der K-Serie durch Übergänge, für die der einquantige, alle Linien der L-Serie durch Übergänge, für die ein zweiquantiger Zustand den Endzustand darstellt. Für die Linien der „weichen“ M-Serie ist der Endzustand dreiquantig anzunehmen, und für die der ganz besonders langwelligen und daher auch nur bei den höchsten Grundstoffen festgestellten N-Serie vierquantig.

Die Elektronengruppen

Wenn nun, wie die Frequenzen der K_α-Linie erkennen lassen, für einen Übergang aus einer zweiquantigen in eine einquantige Bahn die Kernladung fast in ihrer vollen Stärke wirksam ist, dann muß sich jedenfalls die weitaus überwiegende Mehrheit der Planetenelektronen auch im normalen Zustand des Atoms in höherquantigen Bahnen bewegen. Unter den Planetenelektronen sind somit Gruppen von verschiedener Quantenzahl zu unterscheiden: eine innerste Gruppe, die als die K-Gruppe bezeichnet wird und deren Elektronen einquantige Bahnen beschreiben; eine zweitinnerste L-Gruppe, dadurch gekennzeichnet, daß die ihr angehörigen Elektronen in zweiquantigen Bahnen um den Kern laufen; eine dreiquantige M-Gruppe, eine vierquantige N-Gruppe, eine fünfquantige O-Gruppe, eine sechsquantige P-Gruppe, und so fort.

Der Energieaufwand bei der Erzeugung einer Röntgenlinie

Die Röntgenlinien treten nur als Emissionslinien auf. Hierin zeigt sich ein wesentlicher Unterschied gegenüber dem Spektrum des Wasserstoffs und den optischen Spektren überhaupt. Ein weiterer fundamentaler Unterschied besteht auch hinsichtlich des Energieaufwandes, der zu der Erzeugung einer Spektrallinie zumindest erforderlich ist. Bei den optischen Emissionsspektren ist diese Energie gleich einem Lichtquant von der Frequenz der hervorzurufenden Linie. Sie ist einfach gleich dem Energieunterschied der beiden Bahnen, zwischen denen der Übergang erfolgt, der die Spektrallinie erzeugt. Bei den Röntgenlinien erweist sich die pro Atom aufzuwendende Energie stets als größer, und zwar zeigt es sich, daß sie einzig und allein davon abhängt, welche Bahn für die hervorzurufende Linie die Endbahn des Übergangs darstellt. Die aufzuwendende Energie ergibt sich nämlich ebenso groß wie die Arbeit, die erforderlich ist, um ein Elektron aus dieser Bahn völlig aus dem Atom zu entfernen.

Die Entstehung der Röntgenlinien

Aus dieser wichtigen Erfahrungstatsache zog zuerst KOSSEL den Schluß, daß der Emission eines Röntgenlichtquants stets die völlige Loslösung eines Elektrons aus dem Atom zeitlich vorangehen muß. In der Elektronengruppe, der das Elektron entrissen wurde, wird hierdurch ein Platz frei. Die leer gewordene Stelle kann nun durch ein anderes Elektron eingenommen werden, das bis dahin einer höherquantigen Elektronengruppe angehört hatte. Indem es den Bahnwechsel von der höheren zu der niederen Quantenzahl vollzieht, macht es einen bestimmten Energiebetrag frei; dieser verwandelt sich nun in ein Lichtquant, das wegen des verhältnismäßig sehr großen frei werdenden Energiebetrags auch eine hohe Frequenz aufweist, wie sie eben für die Röntgenstrahlen charakteristisch ist.

Die Röntgenterme

Ebenso wie bei den optischen Spektren ist auch bei den Röntgenspektren eine Termdarstellung möglich. Die Mannigfaltigkeit der festgestellten Röntgenlinien läßt sich auf eine geringere Mannigfaltigkeit von Röntgentermen derart zurückführen, daß die Frequenzen der einzelnen Linien den Differenzen je zweier Terme gleich sind. In grober Annäherung folgt die Darstellbarkeit in Termen ja bereits aus der vorhin angegebenen quantentheoretischen Deutung der Röntgenspektren. Deren genaue Erforschung führte aber bald zu der Erkenntnis, daß bei den verschiedenquantigen Zuständen im allgemeinen wiederum mehrere Modifikationen angenommen werden müssen. Es zeigte sich, daß es zwar stets nur einen einzigen *K*-Term, hingegen beispielsweise drei verschiedene *L*- und fünf verschiedene *M*-Terme gibt.

Die Gesamtzahl der Röntgenterme eines Atoms hängt, wie die Erfahrung zeigt, von der Höhe der chemischen Ordnungszahl ab. Bei den höchsten Elementen ist sie am größten. Bei den auf die Emanation folgenden Grundstoffen findet man einen *K*-Term, drei *L*-, fünf *M*-, sieben *N*-, fünf *O*- und drei *P*-Terme. Das Röntgenspektrum eines solchen Grundstoffs ist schematisch in Fig. 31 wiedergegeben. Die horizontalen Linien repräsentieren symbolisch (vgl. die analoge frühere Fig. 21) die einzelnen Röntgenterme oder, wie man auch sagt, die Röntgenniveaus. Die vertikalen Pfeile stellen die beobachteten Röntgenlinien dar, die sich als Kombinationen je zweier Niveaus ergeben. Die Linien sind nach ihrer Zugehörigkeit zu den einzelnen Serien geordnet und innerhalb der Serien wieder in Untergruppen geteilt, die durch dasselbe Endniveau charakterisiert sind. Aus dem Schema ist es ersichtlich, daß keineswegs alle denkbaren Kombinationen zwischen den Termen auftreten. Es ließ sich (worauf hier aber nicht näher eingegangen werden kann) ein verhältnismäßig einfaches „Auswahlprinzip“ aufstellen, das in Übereinstimmung mit der Beobachtung die zulässigen Kombinationen richtig angibt.

Das Schema der Röntgenlinien

Verfolgt man die Grundstoffreihe von der Emanation (Ordnungszahl 86) bis hinab zu dem Krypton (Ordnungszahl 36), so bleibt zwar die Zahl der *K*-, *L*- und *M*-Niveaus ungeändert, hingegen kommen von den höherquantigen Niveaus zahlreiche in Wegfall. Von den in der Fig. 31 enthaltenen Niveaus fehlen den Grundstoffen, die dem

Die Röntgenniveaus der Edelgase

Xenon (Ordnungszahl 54) benachbart sind, diejenigen, die in der Figur durch kurze vertikale Striche (am linken Rande) gekennzeichnet sind. Für die dem Krypton benachbarten Elemente fallen überdies auch die Niveaus weg, die in der Figur durch einen vertikalen Doppelstrich charakterisiert

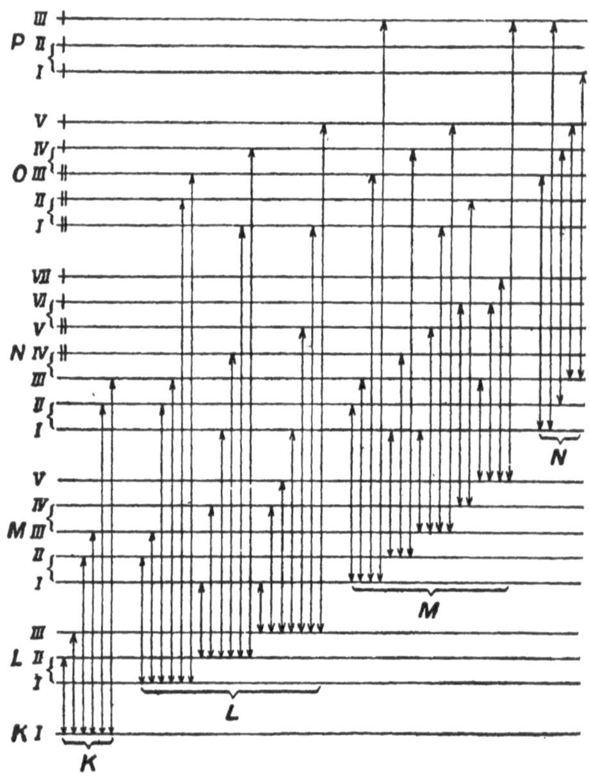

Fig. 31. Schematische Darstellung eines Röntgenspektrums.

sind. Die Zahl der Röntgenniveaus ergibt sich also für die drei erwähnten Edelgase wie folgt:

	K	*L*	*M*	*N*	*O*	*P*
Emanation	1	3	5	7	5	3
Xenon	1	3	5	5	3	
Krypton	1	3	5	3		

Die in dieser Zusammenstellung auftretenden Zahlen 1, 3, 5 und 7 können nun wohl in einen Zusammenhang mit den Zahlen 2, 8, 18 und 32 gebracht werden, die die Längen der Perioden im Grundstoffsystem angeben. Nimmt man in naheliegender Weise die Zuordnung derart vor, daß man sich eine 7 Niveaus aufweisende Elektronengruppe aus 32 Elektronen bestehend denkt, eine 5 Niveaus aufweisende aus 18 Elektronen, eine Gruppe von 3 Niveaus aus 8 und eine von nur einem Niveau aus 2 Elektronen, dann ergeben sich in der Tat für Krypton, Xenon und Emanation richtige Ordnungszahlen, z. B. für die Emanation zu

Die Elektronengruppierung in den Edelgasatomen

$$2 + 8 + 18 + 32 + 18 + 8 = 86 .$$

Wird das Schema für die niedrigeren Edelgase ergänzt, so ergibt sich die in der Tabelle III wiedergegebene und zuerst von BOHR im Jahre 1921 abgeleitete Elektronengruppierung der Edelgas-Atome.

Tabelle III.

Die Elektronengruppierung in den Edelgasatomen.

Name der Gruppe	*K*	*L*	*M*	*N*	*O*	*P*	Summe der Elektronen
Hauptquantenzahl	1	2	3	4	5	6	
Zahl der Elektronen in den Gruppen bei							
Helium	2						2
Neon	2	8					10
Argon	2	8	8				18
Krypton	2	8	18	8			36
Xenon	2	8	18	18	8		54
Emanation	2	8	18	32	18	8	86

Die Vervollständigung innerer Elektronengruppen

Für die Elektronentheorie der chemischen Periodizität erweist sich so die Vorstellung als wesentlich, daß die Ausbildung der Elektronengruppen (wenn man von der *K*- und *L*-Gruppe absieht) nur stufenweise innerhalb mehr als einer Periode erfolgt. In der vierten Periode erscheint der Ausbau der äußersten *N*-Gruppe unterbrochen durch die Vervollständigung der inneren *M*-Gruppe von 8 auf 18 Elektronen. In ähnlicher Weise wird in der fünften Periode die Ausbildung der äußersten O-Gruppe durch die Ausgestaltung der N-Gruppe auf 18 Elektronen unterbrochen und in der sechsten Periode die Ausbildung der P-Gruppe durch die Komplettierung der O-Gruppe. Da Kupfer, Silber und Gold den Alkalimetallen ähnlich sind, kann angenommen werden, daß bei ihnen die erwähnten Vervollständigungen bereits abgeschlossen sind.

Die seltenen Erden

In der sechsten Periode findet überdies die Vervollständigung der N-Gruppe von 18 auf 32 Elektronen statt. Da bei den Grundstoffen der sechsten Periode die vierquantige N-Gruppe schon ziemlich weit im Atominnern liegt, so müssen wohl während ihres Ausbaus die chemischen und physikalischen Eigenschaften, die durch die äußeren Elektronengruppen bedingt sind, fast ungeändert bleiben. Hierdurch erklärt sich die eigentümliche Sonderstellung, die innerhalb des periodischen Systems der Gruppe der seltenen Erden zukommt. Während das 57. Element, das Lanthan, von dem ihm vorangehenden Barium völlig verschieden ist, stimmen das auf das Lanthan folgende Cer und ebenso die auf dieses folgenden Grundstoffe mit dem Lanthan in den chemischen und in wesentlichen physikalischen Eigenschaften fast vollständig überein. Wir müssen daher schließen, daß bei dem Cer die Vervollständigung der N-Gruppe von 18 auf 32 Elektronen beginnt. Entsprechend der Differenz zwischen den Zahlen 32 und 18, müßte es insgesamt 14 Elemente geben, die dem Lanthan ähnlich sind, also einschließlich des Lanthans selbst insgesamt fünfzehn seltene Erden. In der Tat erstreckt sich die Übereinstimmung der Eigenschaften über 15 aufeinanderfolgende Elemente, angefangen von dem Lanthan bis zu dem 71. Grundstoff, dem Cassiopeium.

Die Entdeckung des Hafniums

Das 72. Element war zu der Zeit, da Bohr die Elektronentheorie der chemischen Periodizität begründete, noch nicht bekannt. Man hatte bis dahin gewöhnlich geglaubt, daß es auch eine seltene Erde sein müsse und hatte sich andererseits die seltenen Erden über die dritte und vierte Vertikalreihe des periodischen Systems verteilt gedacht.

Darum hatte man nach dem 72. Element in solchen Mineralien gesucht, in denen andere seltene Erden aufgefunden worden waren. Aus der BOHRschen Theorie des periodischen Systems folgte aber, wie erwähnt, daß es nur 15 seltene Erden geben und daher das 72. Element keine seltene Erde mehr sein könne. Es muß also der vierten Vertikalreihe des periodischen Systems angehören und somit dem Zirkon verwandt sein, während andererseits die seltenen Erden auf die dritte Vertikalreihe zu beschränken wären. Einander verwandte Elemente treten nun häufig miteinander vermengt auf, und es lag somit auf Grund der BOHRschen Theorie der Gedanke nahe, nach dem 72. Element in Zirkonmineralien zu suchen. Es bedeutete einen glänzenden Erfolg für die neue BOHRsche Theorie, daß in der Tat im Jahre 1922 HEVESY und COSTER in Zirkonmineralien das neue Element entdecken konnten, dem sie zu Ehren der Stadt Kopenhagen den Namen Hafnium gaben. Das Hafnium ist übrigens keineswegs selten; das Nickel ist beispielsweise nur in einer ungefähr fünfmal so großen Menge in der Erde enthalten wie das Hafnium. Nur der engen Verwandtschaft mit dem Zirkon, von dem das Hafnium kaum getrennt werden kann, ist es zuzuschreiben, daß dieses Element nicht viel früher entdeckt wurde und auch seit seiner Entdeckung noch nicht rein dargestellt werden konnte.

Das Prinzip von STONER

Wie die früheren Betrachtungen erkennen lassen, ist die *K*-Gruppe mit 2, die *L*-Gruppe mit 8, die *M*-Gruppe mit 18 und die *N*-Gruppe mit 32 Elektronen voll besetzt. (Die *O*- und die *P*-Gruppe könnten ihre volle Besetzung mit 50, bzw. 72 Elektronen erst bei wesentlich höheren als den bekannten Ordnungszahlen erreichen.) Ein wichtiges Problem entsteht nun in der Frage, wie sich die Elektronen einer Gruppe auf die verschiedenen Niveaus verteilen, die innerhalb der Gruppe unterschieden werden können, mit wieviel Elektronen also die einzelnen Niveaus voll besetzt sind. Diese Frage ist noch nicht völlig geklärt; aber ziemlich allgemein wird eine Vorstellung als richtig anerkannt, die im Jahre 1924 von

STONER, ausgebildet wurde, und durch die anderweitige, frühere Vorstellungen von BOHR nunmehr als überholt erscheinen. Nach dem Prinzip von STONER sollen von den verschiedenen Röntgenniveaus gleicher Hauptquantenzahl das erste (also niedrigste) und ebenso das zweite mit je zwei Elektronen voll besetzt sein, das dritte und vierte mit je vier, das fünfte und sechste mit je sechs, das siebente und achte mit je acht, und so fort. Für das Emanationsatom würde sich danach beispielsweise die in Tabelle IV wiedergegebene Besetzung der Untergruppen ergeben.

Tabelle IV

Verteilung der Elektronen auf die Untergruppen im Emanationsatom (nach STONER).

	K	*L*	*M*	*N*	*O*	*P*
Untergruppe I	2	2	2	2	2	2
II		2	2	2	2	2
III		4	4	4	4	4
IV			4	4	4	
V			6	6	6	
VI				6		
VII				8		
Summe	2	8	18	32	18	8
				86		

Die chemische Aktivität

Die denkbar vollkommenste Besetzung der einzelnen Niveaus erscheint jedenfalls bei den Edelgasen erreicht. Bei ihnen erscheint die Anordnung der Elektronen als eine besonders symmetrische und abgeschlossene. Teilweise ist dies nach dem STONERschen Schema auch innerhalb der einzelnen Perioden des Grundstoffsystems bei dem zweiten und vierten Element der Periode (also z. B. bei Kohlenstoff, Magnesium oder Silizium) der Fall. Bei den Atomen, deren Niveaus unvollständig besetzt sind, kann andererseits ein gewisses Vervollkommnungsbestreben angenommen werden, das dahin gerichtet ist, durch Abgabe oder Aufnahme von Elektronen (also durch Umwandlung in ein positives oder negatives Ion) das Planetensystem in eine abgeschlossene Konfiguration überzuführen. Dieses Bestreben offenbart sich als chemische Aktivität der Elemente, wobei die sogenannte chemische Valenz oder Wertigkeit durch die Zahl der Elektronen bestimmt ist, die das Atom abzugeben oder aufzunehmen trachtet. Die außerordentliche Stabilität der Edelgasatome erklärt es ohne weiteres, daß sie selbst in chemischer Hinsicht passiv, hingegen die auf sie folgenden Grundstoffe positiv einwertig sind (d. h. ein Elektron abzugeben trachten), die auf diese folgenden positiv zweiwertig, die den Edelgasen vorangehenden negativ einwertig, und so fort. Der innerhalb des periodischen Systems an vielen Stellen beobachtete Wechsel der Valenz sowie verschiedene damit zusammenhängende Anomalien dürften durch das STONERsche Prinzip ihre Erklärung finden.

Die peripheren Elektronen

Unter den Elektronen eines Atoms müssen die der peripheren Gruppe aus zwei Gründen eine Sonderstellung einnehmen. Einerseits sind sie, da für sie die Kernladung am stärksten abgeschirmt ist, am lockersten gebunden und können daher am leichtesten abgetrennt werden. Andererseits haben sie die höchstquantigen Bahnen im Atom inne, und keine anderen Elektronen behindern sie daher an einem Übergang auf ein höheres Niveau. Hierin unterscheiden sie sich wesentlich von den Elektronen der inneren Gruppen, denen der Übergang zu einem höheren Niveau im allgemeinen dadurch verwehrt erscheint, daß dieses höhere Niveau bereits voll besetzt ist. Dem peripheren Elektron erscheinen hingegen noch alle Möglichkeiten offen. Ein peripheres Elektron kann somit ein ähnliches Spektrum hervorrufen wie das Elektron des Wasserstoffatoms, es kann insbesondere auch Absorptionslinien erzeugen. Hierin besteht ein grundlegender Unterschied gegenüber den Röntgenspektren. Eine weitere Verschiedenheit betrifft die Frequenzen der hervorgerufenen Linien. Da die peripheren Elektronen viel lockerer gebunden sind als die inneren, so wird bei einem Bahnwechsel eines peripheren Elektrons auch ein viel geringerer Energiebetrag umgesetzt als bei einem Bahnwechsel, der zu der Entstehung einer Röntgenlinie führt. Nach der Vorstellung der Lichtquanten entspricht dem geringeren Energieumsatz auch eine wesentlich geringere Frequenz, also eine wesentlich größere Wellenlänge, die in der Regel im Ultravioletten, im sichtbaren Bereich oder im angrenzenden Ultrarot liegt. Die sogenannten optischen Spektren sind also auf Übergänge zurückzuführen, die die peripheren Elektronen zwischen zwei Bahnen ausführen, von denen entweder beide oder zumindest eine nur in einem abnormalen, angeregten Zustand des Atoms verwirklicht sind. Andererseits ist es nach dem früher Gesagten auch klar, daß die Elektronen, die die optischen Spektren hervorrufen, mit den Valenzelektronen des Atoms identisch sind.

Die Arten optischer Spektralterme

Wie die nähere Erforschung der optischen Spektren gezeigt hat, wird die Einteilung der optischen Spektrallinien in Serien am einfachsten dadurch möglich, daß verschiedene Arten optischer Spektralterme unterschieden werden. Spätere Untersuchungen über die Aufspaltbarkeit der Linien in elektrischen und magnetischen Feldern haben dann ergeben, daß die verschiedenen Arten der Terme durch verschiedene Werte der Nebenquantenzahl charakterisiert sind. (Die Nebenzahl bestimmt, wie schon in einem früheren Vortrag ausgeführt wurde, die Exzentrizität der Elektronenbahn.) In üblicher Weise werden s-, p-, d-, f- und g-Terme unterschieden, denen, wie die späteren Untersuchungen ergaben, die Nebenquantenzahlen 1, 2, 3, 4 und 5 zukommen.

Hauptserie und Nebenserien

Schon vor der Begründung der modernen Quantentheorie haben die Physiker in den Spektren der Elemente drei Serien als die wichtigsten unterschieden, nämlich eine besonders intensive Hauptserie und zwei Nebenserien mit einer für beide gemeinsamen Seriengrenze. Die beiden Nebenserien unterscheiden sich wiederum hinsichtlich der Schärfe ihrer Linien, weshalb die eine als diffuse, die andere als scharfe Nebenserie bezeichnet wird. (Die Linien der Hauptserie entstehen bei der Emission durch Übergang aus einem p- in ein s-Niveau, die Linien der diffusen Nebenserie durch Übergang aus einem *d*- in ein *p*-Niveau und die Linien der scharfen Nebenserie durch Übergang aus einem *s*- in ein *p*-Niveau.)

Die Feinstruktur der optischen Spektren

Die meisten optischen Spektralterme erweisen sich als *mehrfache Terme*. Bei den Alkalimetallen treten beispielsweise neben Einfach-Termen *zweifache* auf, bei den Elementen der zweiten Vertikalreihe (wie z. B. Quecksilber) neben einfachen Termen *dreifache*. In den höheren Reihen des periodischen Systems der Elemente gibt es vier-, fünf-, sechs-, sieben-, acht- und neunfache Terme. Dementsprechend weisen natürlich auch die Spektrallinien selbst eine zusammengesetzte Struktur auf. Sie sind beispielsweise in der Hauptserie der Alkalimetalle *Dubletts*, wobei die kürzerwellige der beiden Linien die hellere ist. Die Linien der diffusen Nebenserie sind bei den Alkalimetallen *Tripletts*, wobei die mittlere Linie die größte Intensität aufweist.

Die ganzzahligen Intensitätsverhältnisse

Neueste exakte Messungen haben gezeigt, daß zwischen den *Intensitäten* der einzelnen *Komponenten* zusammengesetzter Spektrallinien stets *einfache ganzzahlige Verhältnisse* bestehen. Bei einem Dublett ist beispielsweise das Intensitätsverhältnis stets 2 1, bei einem Triplett 5:3 1.

Bogen- und Funkenspektren

Neben den Spektren der *neutralen* Atome, den sogenannten *Bogenspektren*, sind auch solche von einfach oder mehrfach *ionisierten* Atomen, sogenannte *Funkenspektren*, bekannt. Als das einfachste Beispiel eines Funkenspektrums ist bereits in einem früheren Vortrag das Spektrum des ionisierten *Heliums* besprochen worden. Es zeigt vollkommene Übereinstimmung mit dem Spektrum des neutralen Wasserstoffs bei *vervierfachten Termen*. Eine analoge Beziehung gilt für die Funkenspektren der zweiten Vertikalreihe des periodischen Systems; sie zeigen eine weitgehende Ähnlichkeit mit den neutralen Spektren der vorangehenden Alkalimetalle, und zwar ebenfalls bei viermal so großen Termen.

Die höheren Funkenspektren

Ähnliche Gesetzmäßigkeiten gelten auch für die *Funkenspektren höherer Ordnung*, die von zweifach oder *mehrfach ionisierten Atomen* herrühren, nämlich von

Atomen, die mehrere Elektronen verloren haben. So stimmen das Spektrum des zweifach ionisierten Aluminiums (Ordnungszahl 13) und das des dreifach ionisierten Siliziums (Ordnungszahl 14) im wesentlichen mit dem Bogenspektrum des Natriums (Ordnungszahl 11) bei verneunfachten bzw. versechzehnfachten Termen überein. Die Erzeugung von Funkenspektren höherer Ordnung ist in den letzten Jahren vor allem MILLIKAN und BOWEN, und zwar mittels des sogenannten „explodierenden Vakuumfunkens", gelungen. Sie konnten beispielsweise für alle Elemente von Natrium bis Chlor, meist schon im fernen Ultraviolett, die Spektren solcher Atome hervorrufen, die nur ein einziges Valenzelektron enthalten. Bei dem Chlor handelt es sich also hierbei z. B. um ein Funkenspektrum sechster Ordnung. In der Tat zeigte es sich, daß diese „Ein-Valenzelektron-Spektren" einander durchaus analog sind. Sie weisen alle den Typus des Bogenspektrums des Natriums bei entsprechend vervielfachten Termen auf. Ebenso konnten MILLIKAN und BOWEN die „Zwei-Valenzelektronen-Spektren" der Elemente von Magnesium bis Chlor erzeugen; diese stimmen wiederum mit dem Bogenspektrum des Magnesiums überein. Die „Drei-Valenzelektronen-Spektren" sind dem Bogenspektrum des Aluminiums analog, und so fort.

Die Fluoreszenz

Durch die Vorstellungen der Lichtquanten und der Energiestufen findet auch eine merkwürdige Erscheinung ihre Erklärung, die den Physikern schon seit dem 17. Jahrhundert als Fluoreszenz bekannt ist. Man versteht darunter die Tatsache, daß manche Körper, die mit Licht von bestimmten Wellenlängen bestrahlt werden, während der Dauer der Bestrahlung selbst leuchten, und zwar in einer Farbe, die von der des primären Lichtes verschieden ist. So ist es bekannt, daß Wasser, in das Rindenstücke der Roßkastanie gelegt werden, unter dem Einfluß von Sonnenlicht ein hellblaues Licht ausstrahlt, oder daß eine Lösung von Chlorophyll (Blattgrün) blutrot leuchtet, wenn sie von Sonnenstrahlen getroffen wird. Besonders eindrucksvoll ist die Erscheinung der Fluoreszenz, wenn das primäre Licht ultraviolett, also unsichtbar ist. Für die

Fluoreszenz gilt eine wichtige, bereits im Jahre 1852 von STOKES aufgestellte Regel, wonach das sekundäre Licht stets längerwellig als das primäre ist. Vom Standpunkt der modernen Atomphysik erklären sich das Phänomen der Fluoreszenz und die STOKESsche Regel einfach derart, daß durch die Absorption eines primären Lichtquants ein Atom angeregt wird und von dem angeregten Zustand nun nicht unmittelbar, sondern stufenweise unter Emission sekundärer Lichtquanten in den Grundzustand zurückkehrt. Die STOKESsche Regel erweist sich auf Grund dieser Vorstellung als notwendige Folge des Satzes von der Erhaltung der Energie (weil ja dem kleineren Energieumsatz die kleinere Frequenz entspricht). Aber andererseits ist es klar, daß auch Durchbrechungen der Regel möglich sind, wenn die primäre Strahlung von bereits angeregten Atomen absorbiert wird. In solchen Ausnahmefällen kann die sekundäre Strahlung auch kürzerwellig als die primäre sein, wie dies in der Tat gelegentlich beobachtet wird.

Die Resonanzstrahlung

Ein bemerkenswerter Spezialfall muß sich dann ergeben, wenn die primäre Strahlung diejenige Wellenlänge besitzt, die bei dem anzuregenden Atom dem Übergang von dem Grundzustand in den niedrigsten angeregten Zustand entspricht. In diesem Sonderfall muß das Fluoreszenzlicht mit dem primären Licht in der Farbe übereinstimmen, obwohl es in anderer Hinsicht (z. B. im sogenannten Polarisationszustand) merklich verschieden sein kann. Eine derartige Erscheinung ist in der Tat bei manchen Stoffen, beispielsweise bei Natriumdampf, festgestellt und eingehend untersucht worden. Man bezeichnet dieses Phänomen als Resonanzstrahlung und nennt darum auch (wie schon in einem früheren Vortrag erwähnt wurde) die längstwellige Linie der Hauptserie die Resonanzlinie.

Die optischen Grundterme

Auch die optischen Spektren liefern wichtige Erkenntnisse über den Atombau der Grundstoffe. Aus ihnen ersieht man, was für ein Term der optische Grundterm des Atoms ist, und hieraus erkennt man wiederum, welches die Nebenquantenzahl der Bahn ist, die das am lockersten gebundene Elektron im normalen Zustand des Atoms beschreibt. Für die Elemente der ersten zwei Vertikalreihen des periodischen Systems (Alkalimetalle, Kupfer, Silber, Gold, Erdalkalien, Zink, Quecksilber usw.) ergibt sich derart die Nebenquantenzahl Eins; d. h. das betreffende Elektron beschreibt eine sehr gestreckte und exzentrische Bahn um den Atomkern und kommt diesem während seiner Umläufe sehr nahe (vgl. die frühere Fig. 24). Ganz besonders scheint dies für die Alkalimetalle zuzutreffen, und es läßt sich berechnen, daß selbst in dem Cäsiumatom das Elektron, obwohl es eine sechsquantige Bahn beschreibt, dem Kerne näher kommt als die Elektronen der zweiquantigen *L*-Gruppe, ja vielleicht sogar näher als die beiden Elektronen der einquantigen *K*-Gruppe. Für die Elemente der dritten Vertikalreihe des periodischen Systems erweist sich der Grundterm als ein *p*-Term, also als ein Term von der Nebenquantenzahl zwei; für die Grundstoffe der VIIIa-Reihe (Eisen) als *f*-Term, also als Term von der Nebenquantenzahl vier. Wie sich bei dem Fortschreiten im periodischen System die Ausbildung der jeweils äußersten Elektronengruppe vollzieht, die bei den Edelgasen am Ende der Periode mit acht Elektronen besetzt ist, ist eine noch ziemlich offene Frage. Ihre Beantwortung ist aber jedenfalls am ehesten von weiteren Erkenntnissen über die optischen Spektren zu erhoffen. Denn gerade auf diesem Gebiete waren der Quantentheorie die schönsten Erfolge beschieden, und auf diesem Gebiete erweist sie auch stets von neuem ihre außerordentliche Fruchtbarkeit und weittragende Bedeutung.

ACHTER VORTRAG

DIE MOLEKELN

Kaum ein Jahrzehnt nach der Begründung der DALTONschen Atomlehre, bereits im Jahre 1812, stellte der schwedische Chemiker BERZELIUS eine Theorie auf, die alle chemischen Vorgänge auf elektrische, von den Atomen ausgehende Kräfte zurückführte. Diese Kräfte sollen es nach der BERZELIUSschen Lehre sein, die zu einer Vereinigung entgegengesetzt geladener Atome und damit zu der Molekelbildung führen. Durch die moderne Atomphysik, die alle Atome als aus positiv und negativ elektrischen Bausteinen zusammengesetzt ansieht, ist die BERZELIUSsche Theorie zu neuem Leben erweckt worden; hierbei fanden auch manche vermeintliche Widersprüche ihre Lösung, die der ursprünglichen BERZELIUSschen Theorie noch unüberwindliche Schwierigkeiten bereitet hatten. **Die Theorie von Berzelius**

Ein Atom kann nach der modernen Vorstellung auf zweierlei Art nach außen eine elektrische Kraft ausüben: entweder im ionisierten Zustand, wenn das Atom als Ganzes seine Neutralität verloren hat, oder aber auch im neutralen Zustand bei genügender Annäherung, da ja auch das neutrale Atom aus einem positiven Kern und einem negativen Planetensystem zusammengesetzt ist. In ein positives Ion wird ein Atom, wie schon erwähnt wurde, dadurch verwandelt, daß es von seinen Planetenelektronen eines oder auch mehrere abgibt; die Umwandlung in ein negatives Ion erfolgt hingegen, indem die Zahl der Planetenelektronen über die Kernladungszahl des Atoms erhöht wird. Auf die elektrische Anziehung, die entgegen- **Homöopolare und heteropolare Bindungen** gesetzte Ionen aufeinander ausüben, sind die sogenannten heteropolaren Bindungen zurückzuführen. Aber auch zwei neutrale Atome können nach dem früher Gesagten einander anziehen und festhalten, woferne sie nur einander genügend nahe gebracht sind; derart sind die sogenannten homöopolaren Bindungen zu erklären, die der ursprünglichen BERZELIUSschen Theorie unbekannt gewesen waren. Auf heteropolaren Vereinigungen dürften wohl die meisten chemischen Verbindungen zwischen verschiedenen Grundstoffen beruhen, sicher z. B. die zwischen Alkalimetallen und Halogenen, oder zwischen Alkalimetallen und Sauerstoff und so fort. Die wichtigsten Beispiele homöopolarer Bindungen stellen hingegen die Vereinigungen zwischen Atomen desselben Grundstoffs dar.

Das Gesetz von AVOGADRO

Daß in der Tat viele Grundstoffe aus zwei- und auch mehratomigen Molekeln bestehen, geht aus Beobachtungen über die Volumverhältnisse bei gasförmigen Reaktionen auf Grund des sogenannten AVOGADROschen Gesetzes hervor. Nach diesem, im Jahre 1811 aufgestellten Gesetz enthalten alle Gase bei gleichem Druck und gleicher Temperatur in einem bestimmten Volumen gleich viel Molekeln. AVOGADRO leitete dieses Gesetz aus zwei wichtigen Erfahrungstatsachen ab. Einerseits ist nämlich, wie schon im Jahre 1660 BOYLE entdeckt hatte, bei konstanter Temperatur der Druck eines Gases seinem Volumen umgekehrt proportional; andererseits dehnen sich, wie im Beginne des 19. Jahrhunderts GAY-LUSSAC gefunden hatte, alle Gase bei der Erwärmung unter sonst gleichen Umständen gleich stark aus.

Zweiatomige Grundstoffmolekeln

Die Beobachtung zeigt nun, daß sich beispielsweise ein Liter Wasserstoffgas und ein Liter Chlorgas zu zwei Litern Chlorwasserstoffgas verbinden. Nach dem AVOGADROschen Gesetz müssen also nach der Reaktion ebensoviel Chlorwasserstoffmolekeln vorhanden sein, als vor der Reaktion die Summe der vorhandenen Wasserstoff- und Chlormolekeln betrug. Da aber die Chlorwasserstoffmolekeln ein Chlor- und ein Wasserstoffatom enthalten müssen, erweisen sich somit die Molekeln dieser beiden Grundstoffe als aus je zwei Atomen zusammengesetzt. Außer Chlor sind auch die anderen Halogene, ferner Stickstoff und Sauerstoff und, bei gewöhnlicher Temperatur Selen und Tellur zweiatomig.

Mehratomige und einatomige Grundstoffe

Daß auch mehr als zwei Atome desselben Grundstoffs zu einer Molekel vereinigt sein können, haben Dichtebestimmungen von Schwefeldämpfen erwiesen. Nach dem AVOGADROschen Gesetz müssen sich nämlich bei gegebener Temperatur und gegebenem Druck die Dichten von Gasen oder Dämpfen wie deren Molekulargewichte verhalten. Aus der Dichte kann also das Molekulargewicht und aus diesem bei bekanntem Atomgewicht die Zahl der in der Molekel vereinigten Atome ermittelt werden. So fand man, daß es neben zweiatomigem auch achtatomigen Schwefel gibt, daß bei nicht allzu hohen Temperaturen eine vieratomige Modifikation sowohl bei Phosphor als auch bei Arsen vorkommt. Eine als Ozon bekannte Modifikation des Sauerstoffs wurde als dreiatomig erkannt. Bei den Metallen der ersten zwei Gruppen des periodischen Systems (also z. B. Natrium, Cadmium, Quecksilber) haben die Bestimmungen der Dampfdichte durchwegs zu dem Ergebnis geführt, daß bei ihnen eine Molekelbildung nicht stattfindet, daß also, wie man zu sagen pflegt, ihre Molekeln einatomig sind. Daß dies auch bei den Edelgasen zutrifft, erscheint bei deren chemischer Passivität selbstverständlich.

Die Kristalle als Riesenmolekeln

Als ein besonderer Fall der Molekelbildung ist auch die Kristallbildung anzusehen. Es gebührt vor allem W. H. BRAGG und dessen Sohn W L. BRAGG das Verdienst, mittels der Röntgenstrahlen die Struktur der verschiedensten Kristalle ermittelt zu haben. Als ein einfaches Beispiel ist in einem früheren Vortrag bereits der Steinsalzkristall besprochen worden (vgl. die frühere Fig. 17). Als ein weiteres Beispiel ist in Fig. 32 die Struktur des Diamanten wiedergegeben, die deshalb bemerkenswert ist, weil der Diamant nur aus Atomen eines einzigen Grundstoffs

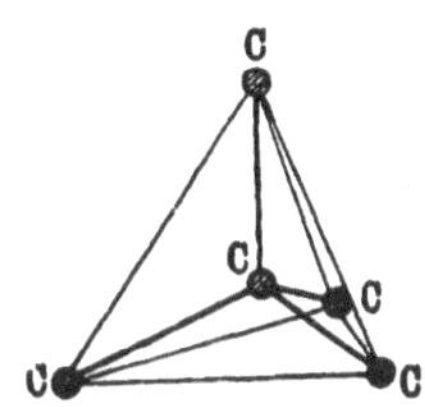

Fig. 32. Die Struktur des Diamanten.

(des Kohlenstoffs) aufgebaut ist. Im Diamanten stellt jedes Atom die Mitte eines Tetraeders dar, dessen Ecken von vier anderen Atomen besetzt sind. Bei den Kristallen, deren Struktur ermittelt werden konnte, kennt man auch genau die Abstände zweier benachbarter Atome, wovon schon in einem früheren Vortrag die Rede war. Verglichen mit dem Radius des normalen Wasserstoffatoms, erweist sich dieser Abstand bei den meisten Kristallen als ungefähr fünf- bis zwanzigmal so groß. Die Kristalle stellen eigentlich Riesenmolekeln dar; gleichwohl sind aber wegen der völligen Regelmäßigkeit ihrer Raumgitter die verschiedenen Atomsorten in sehr einfachen Zahlenverhältnissen miteinander verbunden, so daß jeder Kristallverbindung eine einfache chemische Formel und dementsprechend ein bestimmtes Molekulargewicht zugeschrieben werden können.

Die Energie der molekularen Bindungen

Sieht man von den Kristallen ab, so ist die Frage der Struktur der Molekeln zur Zeit noch völlig ungelöst. Während die Dimensionen des Wasserstoffatoms äußerst genau berechnet werden konnten, wissen die Physiker heute noch nichts darüber, wie groß in einer zweiatomigen Wasserstoffmolekel der Abstand der beiden Wasserstoffkerne ist und welche Lage zueinander die Bahnen der beiden Elektronen der Molekel einnehmen. Einige Schlüsse über die den molekularen Bindungen zukommende Energie können aus thermochemischen Messungen gezogen werden, nämlich aus Beobachtungen über den Wärmeumsatz, der durch chemische Prozesse (z. B. durch Verbrennung) verursacht wird. Aber auch derart konnten keine genauen Erkenntnisse gewonnen werden, weil mit den chemischen Prozessen fast stets auch Änderungen des Aggregatzustandes und Ionisierungen verknüpft sind, und auch durch diese Teilvorgänge des chemischen Prozesses Energie verbraucht oder frei wird. Immerhin kann aber aus den thermochemischen Messungsergebnissen der Schluß gezogen werden, daß die Energie einer molekularen Bindung ungefähr ein Drittel bis dreimal so groß ist wie die Anregungsenergie der Alkalimetalle. Bei Wasserstoff zeigen auch Beobachtungen über die (schon früher besprochenen) Elektronenstöße, daß die

Arbeit, die zu der Dissoziation der Wasserstoffmolekel, also zu ihrer Spaltung in zwei Wasserstoffatome, erforderlich ist, etwa ein Viertel der Arbeit beträgt, die zu der Ionisierung eines Wasserstoffatoms aufgewendet werden muß.

Die molekularen Spektren

Aus verschiedenen experimentellen, hauptsächlich spektroskopischen Erkenntnissen geht hervor, daß einerseits die Molekeln Rotationsbewegungen ausführen, andererseits aber auch die in ihnen vereinigten Atome gegeneinander schwingen, und daß sowohl die Rotationen der Molekeln als auch die Schwingungen der Atome durch Quantenbeziehungen geregelt sind, ähnlich wie die Umläufe der Elektronen in den Atomen. Die Energie der molekularen Rotationen und der Atomschwingungen erscheint ebenso wie die inneratomare Energie abgestuft. Es erscheinen somit nur ganz bestimmte Werte des Energieumsatzes möglich, woferne sich der Rotations- oder Schwingungszustand irgendwie ändert. Die Folge hiervon muß aber nach der Lichtquantenhypothese wiederum das Auftreten charakteristischer molekularer Linienspektren sein, die in der Tat beobachtet werden. Die Energie der Rotationen und der Atomschwingungen erweist sich als wesentlich geringer als die Energie der inneratomaren Vorgänge. Dementsprechend sind auch die eigentlichen molekularen Spektrallinien von wesentlich geringerer Frequenz, also viel größerer Wellenlänge als die atomaren Spektrallinien.

Das Rotationsspektrum

Aus der Theorie folgt, daß in dem eigentlichen Rotationsspektrum einer Molekel die Frequenzen der einzelnen Linien ungerade ganzzahlige Vielfache einer bestimmten Grundfrequenz sein müssen. In der Tat ist ein Absorptionsspektrum, das diese Eigentümlichkeit zeigt, im weiten, besonders langwelligen Ultrarot bei Wasserdampf festgestellt worden. Das reine Rotationsspektrum kann aber auch in Kombination mit einer für eine Atomschwingung charakteristischen Frequenz auftreten; eine solche Frequenz liegt gewöhnlich im näheren, also in dem nicht allzu weit von dem sichtbaren Rot entfernten Ultrarot. Die Kombination erfolgt dann derart, daß sich eine Folge benachbarter Linien bildet, deren Frequenzen gleich sind der für die Atomschwingung charakteristischen Frequenz, vermehrt oder vermindert um die wesentlich geringeren Schwingungszahlen, die dem eigentlichen Rotationsspektrum zukommen. Durch eine derartige Kombination entstehende, sogenannte Rotationsschwingungsspektren sind vor allem bei den Wasserstoffverbindungen der Halogene festgestellt und untersucht worden.

Die Bandenspektren

Das Rotationsspektrum oder auch das Rotationsschwingungsspektrum kann schließlich auch in Kombination mit einer optischen Spektrallinie auftreten, die für eines der Atome der betreffenden Molekel charakteristisch ist. Es entsteht dann im optischen oder ultravioletten Spektralgebiet eine als Bande bezeichnete Folge von dicht beisammen stehenden Linien, die gegen sogenannte Bandenköpfe konvergieren. Die Gesamtheit aller Banden stellt das Bandenspektrum der betreffenden Molekel dar. Als ein Beispiel ist in Fig. 33 ein Teil des Bandenspektrums der Stickstoffmolekel wiedergegeben. Die Theorie der Bandenspektren ist ungemein kompliziert, aber seit einer Reihe von Jahren bereits erfolgreich in Angriff genommen. Daß die Flammen und ebenso auch die elektrischen Entladungen meistens reine Atomspektren (also Linienspektren ohne Banden) liefern, erklärt sich daraus, daß bei hohen Temperaturen und bei starken elektrischen Entladungen eine Dissoziation der Molekeln in ihre Atome eintritt.

Fig. 33. Teil des Bandenspektrums der Stickstoffmolekel.

Die photochemischen Erscheinungen

Mit der Spektroskopie erscheint das Problem der molekularen Struktur auch durch die sogenannten photochemischen Erscheinungen verknüpft. Eine Molekel, die in gewöhnlichem Zustand zu einer bestimmten chemischen

Reaktion nicht befähigt erscheint, kann die Fähigkeit hierzu dadurch erlangen, daß sie ein Lichtquant absorbiert und derart ihre Energie erhöht. Der sonst nicht beobachtbare Prozeß erfolgt dann unter dem Einfluß einer Bestrahlung als sogenannte photochemische Reaktion. Ein allgemein bekanntes Beispiel hierfür stellt die der Photographie zugrunde liegende Zersetzung der Silbersalze durch das Licht dar. Ein anderes wichtiges Beispiel ist die Assimilation der Kohlensäure durch die Pflanzen. Für die photochemischen Vorgänge scheint ein von EINSTEIN aufgestelltes Gesetz erfüllt zu sein, wonach die Zahl der photochemisch reagierenden Molekeln mit der Zahl der absorbierten Lichtquanten übereinstimmt. Allerdings sind die photochemischen Reaktionen sehr kompliziert durch das häufige Auftreten von Zwischenreaktionen, und dies erschwert ungemein das exakte Studium dieser Erscheinungen.

Die Sensibilisierung

Bemerkenswert ist, daß photochemische Reaktionen unter Umständen auch durch Licht von solchen Wellenlängen hervorgerufen werden können, die von der reagierenden Molekel nicht absorbiert werden, woferne nur ein beigemischter „Sensibilisator" das Licht von diesen Wellenlängen zu absorbieren vermag. Derartige Erscheinungen sind in den letzten Jahren vielfach eingehend untersucht worden. Ein schon lange bekanntes Beispiel hierfür stellt die Sensibilisierung der photographischen Platte durch geeignete Farbstoffe (wie Eosin) dar, die imstande sind, rote Lichtstrahlen zu absorbieren. Ohne die Beimengung solcher Farbstoffe wäre die Platte für rotes Licht völlig unempfindlich, da das Spektrum des Silberatoms keine ihm eigentümlichen Linien im roten Spektralgebiet aufweist.

Die Chemilumineszenz

Die Umkehrung der photochemischen Vorgänge ist die Erscheinung der sogenannten Chemilumineszenz, bei der chemische Energie in emittierte Lichtquanten umgewandelt wird. Ein allgemein bekanntes Beispiel für dieses Phänomen ist das Leuchten der Glühwürmchen.

Der gasförmige Zustand

Zu den innermolekularen und inneratomaren Bewegungen und den Rotationen der Molekeln kommt, wie aus vielen Erscheinungen geschlossen werden muß, im gasförmigen Aggregatzustand noch eine rasche, fortschreitende Bewegung der Molekeln hinzu, so daß man sich ein Gas als einen Schwarm von schnell dahin schießenden, kleinsten Teilchen zu denken hat. Die exakte Ausgestaltung dieser Vorstellung führte bereits um das Jahr 1850 zu der Entstehung der sogenannten kinetischen Gastheorie.

Der Gasdruck

Den Druck der Gase führt diese Theorie auf die unaufhörlichen Stöße, auf das ständige Aufprallen der rasch bewegten Gasmolekeln gegen die Wände des Gefäßes zurück. Wird die Dichte eines Gases verdoppelt, so prallen natürlich auch doppelt soviel Molekeln in der gleichen Zeit auf ein Stück der Wand auf. Der Druck muß also unter sonst gleichen Umständen der Dichte des Gases direkt oder, was dasselbe ist, dem Volumen des Gases umgekehrt proportional sein; und das ist ja in der Tat das bereits vorhin erwähnte fundamentale BOYLEsche Gesetz.

Die Temperatur

Die Temperatur eines Gases erscheint wiederum nach der kinetischen Theorie durch den Mittelwert der auf eine einzelne Molekel entfallenden Bewegungsenergie bestimmt. Die Temperatur, bei der die Molekeln eines Gases überhaupt keine fortschreitende Bewegung hätten, wird als der absolute Nullpunkt bezeichnet. Aus Beobachtungen über die Abhängigkeit des Druckes von der Temperatur folgt, wie man schon seit dem Beginn des 19. Jahrhunderts wußte, daß der absolute Nullpunkt 273,1 Celsiusgrade unter dem Schmelzpunkt des Eises (also unter dem konventionellen Nullpunkt) liegt. Nur nebenbei sei in diesem Zusammenhang erwähnt, daß die tiefste, bisher experimentell im Laboratorium erzeugte Temperatur $-272{,}2^0$ beträgt, also nur etwa einen Grad über dem absoluten Nullpunkt liegt.

Die molekulare Geschwindigkeit

Da die Physiker schon längst wußten, wie Druck und Volumen eines Gases von der Temperatur abhängen, konnten sie, als sie die kinetische Gastheorie auszubilden begannen, (auf Grund von hier nicht näher zu erörternden Beziehungen) auch die molekularen Geschwindigkeiten für bestimmte Temperaturen angeben. Sie sind bei gewöhnlicher Temperatur ungefähr von derselben Größenordnung wie die Geschwindigkeiten, mit denen Kugeln Geschütze verlassen. Für Wasserstoff beträgt beispielsweise bei Zimmertemperatur die durchschnittliche molekulare Geschwindigkeit 1900 m in der Sekunde. Bei anderen Gasen ist sie geringer, und zwar um so kleiner, je größer das Molekulargewicht des Gases ist. Für Sauerstoff und Stickstoff, die beiden Hauptbestandteile der Luft, ist die Geschwindigkeit nur ungefähr ein viertelmal so groß wie für Wasserstoff. Im übrigen hängt nach der Theorie die Bewegungsenergie für einatomige Molekeln nur von der Temperatur ab; sie ist einfach gleich dem Produkt aus einer universellen Konstanten und der absoluten (also auf den absoluten Nullpunkt bezogenen) Temperatur.

Das Verhältnis der molekularen Bewegungs- zur Anregungsenergie

Vergleicht man die mittlere Bewegungsenergie einer Molekel mit der Anregungsenergie der Atome, so findet man, daß diese bei Zimmertemperatur rund 20- bis 100mal größer ist. Bei einer Temperatur von etwa 1200° (also rund 1500 absoluten Graden) ist aber die Bewegungsenergie nach dem früher Gesagten ungefähr fünfmal so groß wie bei Zimmertemperatur. Bei Natriumdampf ist beispielsweise das Verhältnis der mittleren Bewegungs- zur Anregungsenergie bei Zimmertemperatur 1 : 50, bei einer Temperatur von 1200° hingegen 1 : 10. Aus der kinetischen Gastheorie ist es nun auf Grund statistischer Überlegungen bekannt, wie groß der Prozentsatz der Molekeln ist, deren Bewegungsenergie den Mittelwert um ein bestimmtes Vielfaches übertrifft. Wie man beispielsweise findet, übertrifft eine unter etwa sieben Molekeln den Durchschnittswert mehr als doppelt, eine unter etwa 20000 mehr als zehnfach, eine unter einigen tausend Trillionen mehr als fünfzigfach.[1])

Temperaturleuchten und Flammenleitung

Betrachten wir Natriumdampf, so decken sich hierbei die Begriffe Atom und Molekel, weil die Dämpfe aller Alkalimetalle einatomig sind. Ein Atom kann nun durch seinen Bewegungszustand ein anderes anregen, wenn seine Bewegungsenergie größer als die Anregungsenergie ist. Bei

[1]) Eine Molekel, die den Durchschnittswert wenigstens x-fach übertrifft, kommt durchschnittlich auf e^x Molekeln, wenn e (2,718 ...) die Basis der natürlichen Logarithmen ist.

Zimmertemperatur ist dies also nach dem vorhin Gesagten nur bei einem praktisch völlig bedeutungslosen Bruchteil der Atome der Fall, bei einer Temperatur von etwa 1200° aber bereits bei einem so großen, daß dadurch ein merkliches Leuchten des Dampfes (ein sogenanntes Temperaturleuchten) hervorgerufen wird. Bei genügend hohen Temperaturen wird auf ähnliche Art durch die Molekularbewegung stets auch ein merklicher Bruchteil der Atome ionisiert. Dadurch erklärt sich die Tatsache, daß Flammen eine elektrische Leitfähigkeit aufweisen.

Die Zusammenstöße der Molekeln

So groß nun auch die molekularen Geschwindigkeiten sind, so legen gleichwohl die Molekeln, wie aus vielen Erscheinungen geschlossen werden muß, nur außerordentlich kurze Strecken in geradliniger Bewegung zurück. Denn zwischen den Molekeln eines Gases finden unaufhörlich Zusammenstöße statt. Deren Zahl kann auf Grund von Beobachtungen über die sogenannte innere Reibung der Gase ermittelt werden und ergibt sich bei normalem Druck und Zimmertemperatur zu einigen Milliarden in der Sekunde. Die Strecke, die eine Molekel zwischen zwei Zusammenstößen zurücklegt — man bezeichnet sie als die freie Weglänge —, ist daher noch kleiner als die winzige Wellenlänge des sichtbaren Lichtes.

Die Auslöschung der Fluoreszenz

Wenn an einem Zusammenstoß ein angeregtes Atom beteiligt ist, so kann es hierbei seine überschüssige Energie derart verlieren, daß sich diese in molekulare Bewegungsenergie umwandelt. Werden daher in einem Dampfe durch Bestrahlung Atome angeregt, so daß der Dampf fluoresziert, so wird im allgemeinen ein Bruchteil der angeregten Atome strahlend (also fluoreszierend) in den Grundzustand zurückkehren, der andere Bruchteil hingegen strahlungslos, indem er gelegentlich von Zusammenstößen seine Anregungsenergie wieder abgibt. Das Verhältnis zwischen beiden Bruchteilen hängt offenbar von dem Verhältnis ab, das zwischen der durchschnittlichen Zeit zwischen zwei Zusammenstößen und der durchschnittlichen Dauer des angeregten Atomzustandes besteht. Wenn die erste Zeitgröße wesentlich größer als die zweite ist, so muß nahezu die ganze Energie, die der Dampf aus der primären Strahlung absorbiert, in der Form von Fluoreszenzstrahlung wiederum zum Vorschein kommen. Wird hingegen die mittlere Zeit zwischen zwei Zusammenstößen verkürzt, was durch Beimischung eines an der Fluoreszenz unbeteiligten Zusatzgases bewirkt werden kann, so müßte die Fluoreszenz allmählich ausgelöscht werden, wenn die mittlere Zeit zwischen zwei Stößen von derselben Größenordnung wie die durchschnittliche Verweilzeit des angeregten Zustandes wird.

Die Verweilzeit des angeregten Atomzustands

Die von der Theorie geforderte Auslöschung der Fluoreszenz konnte in der Tat bei fluoreszierendem Quecksilberdampf beobachtet werden, dem Luft beigemischt wurde. Aus den Messungen hierüber ergibt sich die mittlere Verweilzeit des angeregten Atomzustandes zu ungefähr dem hundertmillionsten Teil einer Sekunde (10^{-8} sec). So verschwindend klein auch diese Zeit ist, so reicht sie doch zu rund einer Million Umläufen des Elektrons aus, das durch seinen Bahnwechsel zu dem Leuchten des Dampfes beiträgt.

Die BROWNsche Bewegung

Am deutlichsten offenbart sich der innere Bewegungszustand der Materie in dem Phänomen der sogenannten BROWNschen Bewegung. Ganz kleine Körperchen, die in Flüssigkeiten oder Gasen schweben, führen, wie die mikroskopische Beobachtung erkennen läßt, eine völlig unregelmäßige, rasche Zickzackbewegung aus, die um so lebhafter ist, je kleiner das schwebende Körperchen ist. Diese Bewegung, die zuerst von dem Botaniker BROWN im Jahre 1827 an Pflanzenpollen in Flüssigkeiten entdeckt wurde, ist, wie spätere Untersuchungen erkennen ließen, als Folge der unaufhörlichen Stöße zu deuten, die das schwebende Körperchen durch die Molekeln der Flüssigkeit oder des Gases erfährt. Die BROWNsche Bewegung ist allerdings nur bei allerkleinsten Teilchen wahrnehmbar. Denn auch ein kleiner Körper erfährt in einem winzigen Bruchteil einer Sekunde noch Millionen von Stößen, und zwar aus allen Richtungen. Infolge der durch die große Zahl bedingten statistischen Regelmäßigkeit heben daher die Stöße einander in ihren Wirkungen auf. Je kleiner aber das schwebende Körperchen ist, eine desto größere Rolle spielt die Unregelmäßigkeit des Zufalls. Die gegenseitige Kompensation der aus den verschiedenen Richtungen erfolgenden Stöße ist dann nicht mehr vollständig, und bei genügender Kleinheit gerät der schwebende Körper eben in die vorhin erwähnte Zickzackbewegung. Die messende Beobachtung der BROWNschen Bewegung gestattet eine Bestimmung der Masse der Molekeln und somit auch der Masse des Wasserstoffatoms. Der Wert, der sich so ergibt, ist ganz derselbe wie derjenige, den die Physiker nach grundverschiedenen anderen Methoden fanden. In dieser vollkommenen Übereinstimmung darf die moderne Physik einen sicheren Beweis für die wirkliche Existenz der Atome erblicken.

NEUNTER VORTRAG

DIE RADIOAKTIVITÄT

Der Zweiteilung des Atoms in einen Kern und die ihn umgebende Elektronenhülle entspricht die Gliederung der Atomphysik in zwei Zweige. Der eine hat die in dem „Planetensystem" der Atome stattfindenden Vorgänge zum Gegenstand, der andere, die Kernphysik, die Prozesse, die in dem Kerne selbst verlaufen. Die Kernphysik

Der Bereich, in dem sich diese Vorgänge abspielen, ist jedenfalls ein außerordentlich kleiner. Aus den schon früher besprochenen Versuchen über die Streuung von α-Strahlen durch Metallfolien haben die Physiker obere Grenzen für den Kernradius der Metalle abzuleiten vermocht und derart beispielsweise gefunden, daß der Radius des Goldkerns höchstens vier Billionstel eines Zentimeters ($4 \cdot 10^{-12}$ cm) betragen kann. Im Goldatom ist demnach der Kernradius mehr als tausendmal kleiner als der Atomhalbmesser und das von dem Kerne eingenommene Volumen somit mehr als milliardenmal kleiner als das Gesamtvolumen des Atoms. Die Größe der Kerne

Andererseits folgt aus der Elektrizitätslehre, daß jeder elektrischen Ladung als solcher bereits eine Masse, eine sogenannte elektromagnetische Masse, zukommen muß, die um so größer ist, auf ein je kleineres Gebiet die Ladung konzentriert ist. Aus den hierfür geltenden Formeln kann leicht berechnet werden, daß die Masse eines Elektrons größer wäre als ihr tatsächlicher Wert, wenn der Radius des Elektrons kleiner wäre als etwa der fünfte Teil eines billionstel Zentimeters ($2 \cdot 10^{-13}$ cm). Es könnte daher der Goldkern höchstens 20mal so große Lineardimensionen wie das Die innere Energie der Kerne

Elektron haben (wofern man sich beide als homogene Kugeln denkt). Da andererseits der Goldkern (wie aus Atomgewicht und chemischer Ordnungszahl folgt) rund 200 Protonen und über 100 Elektronen enthält, so müssen die Bestandteile der Kerne ungemein dicht zusammengedrängt sein. Zwischen ihnen wirken nun elektrische Kräfte, die (wie schon erwähnt wurde) dem Quadrate der Entfernung umgekehrt proportional sind. Sie sind bei tausendmal kleinerem Abstand eine Million mal so groß. Die in dem Inneren der Kerne zur Geltung kommenden Kräfte müssen infolgedessen unvergleichlich stärker sein als diejenigen, die zwischen dem Kerne und den ihn umgebenden Elektronen wirken. Den Kernen muß daher eine enorme innere Energie zukommen. Wird durch irgendeine Ursache ein Bestandteil des Kernes von diesem abgesplittert, so muß er den Kern mit ungeheurer Wucht verlassen, während gleichzeitig die Kernladungszahl und damit auch der chemische Charakter des betreffenden Atoms verändert werden. Hierdurch erklärt sich eine große Zahl von Phänomenen, die als Erscheinungen der Radioaktivität bekannt sind.

Die Becquerel-Strahlen und das Radium

Die Tatsache der Radioaktivität wurde im Jahre 1896 durch Becquerel entdeckt. Durch Zufall stellte dieser Forscher fest, daß Verbindungen des Metalls Uran ohne jede Einwirkung von außen ständig Strahlen aussenden, die eine photographische Platte durch eine undurchsichtige Hülle hindurch schwärzen, die Luft leitend machen und dadurch ein in der Nähe befindliches, geladenes Elektroskop entladen. Im Jahre 1898 entdeckten dann Pierre und Marya Curie, daß in der Pechblende, aus der das Uran gewonnen wird, in sehr geringer Menge ein bis dahin unbekannt gewesenes Element enthalten ist, das eine noch millionenmal intensivere Strahlung aussendet als das Uran selbst. Durch mühevolle Untersuchungen gelang es, dieses neue, als Radium bezeichnete Element aus der Pechblende zu isolieren.

Die Zerlegung der radioaktiven Strahlung

Durch ein Magnetfeld kann die von dem Uran oder Radium ausgehende sogenannte radioaktive Strahlung in drei verschiedene Strahlenarten zerlegt werden. Ein

Teil, der als *Alphastrahlen* bezeichnet wird, wird nämlich schwach abgelenkt, und zwar in dem Sinne, der einer positiven Ladung entspricht. Ein anderer Teil, die sogenannten *Betastrahlen*, wird stark abgelenkt und im *entgegengesetzten* Sinn. Ein dritter Teil, die sogenannten *Gammastrahlen*, erfährt überhaupt *keine Ablenkung* (Fig. 34). Die nähere Untersuchung zeigte dann, daß, wie schon erwähnt wurde, die positiven α-Teilchen bei einer Ladung von zwei Elementarquanten eine Masse besitzen, die viermal so groß ist als die des Wasserstoffatoms. Die β-Teilchen erwiesen sich als *Elektronen*, während die γ-Strahlen als besonders kurzwellige *Röntgenstrahlen*, also als elektromagnetische Wellen und nicht als materielle Strahlen, anzusehen sind.

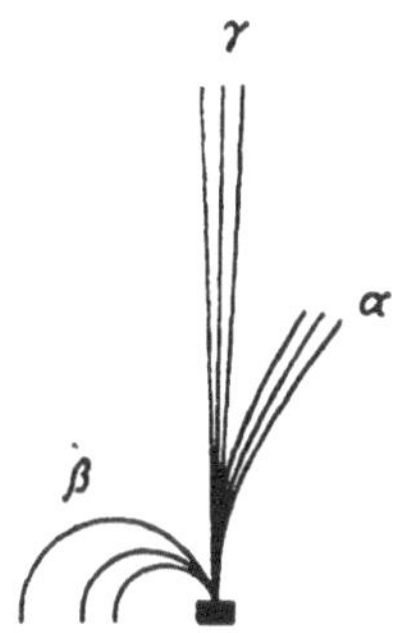

Fig. 34. Zerlegung der radioaktiven Strahlung im Magnetfeld (schematisch).

Die α-Strahlen

Die α-Strahlen werden mit einer sehr großen Geschwindigkeit ausgeschleudert, die ein Zwanzigstel bis etwa ein Zwölftel der Lichtgeschwindigkeit beträgt. Für jedes α-strahlende Element ist dabei eine bestimmte *Anfangsgeschwindigkeit* seiner α-Teilchen charakteristisch, und ihr entspricht wiederum eine ganz bestimmte *Reichweite* der Strahlen in Luft. Diese beträgt bei Zimmertemperatur zwischen $2^1/_2$ und 12 cm. Die Reichweite kann auch unmittelbar auf photographischem Wege nach der schon öfter erwähnten WILSONschen Nebelstreifenmethode bestimmt werden. Fig. 35 zeigt (nach Lise MEITNER) eine derartige Aufnahme, die von dem sogenannten *radioaktiven Niederschlag des Thoriums* herrührt. Eine geeignete Blendenvorrichtung bewirkte, daß alle photographierten Bahnen in derselben Ebene verliefen. Das Bild läßt deutlich neben α-Strahlen von 4,8 cm auch solche von 8,6 cm Reichweite erkennen, überdies aber auch noch zwei vereinzelte Bahnen von 9,5 und 11,3 cm. Wird statt Luft ein anderes Gas verwendet, so ergeben sich zwar vier andere Werte der Reichweite, doch besteht zwischen ihnen trotzdem dasselbe Verhältnis wie bei den Versuchen in Luft. Durch Anfertigung von vielen Hunderten solcher Photographien wurde auch erkannt, daß ein Strahl von 11,3 cm Reichweite auf rund 5000, ein solcher von 9,5 cm aber erst auf rund 15000 Strahlen von 8,6 cm Reichweite entfällt. Auch diese Verhältnisse sind in anderen Gasen dieselben wie in Luft. Infolge der enormen Geschwindigkeit ist auch die Wucht (die kinetische Energie) der α-Teilchen ungeheuer groß. Sie übertrifft rund

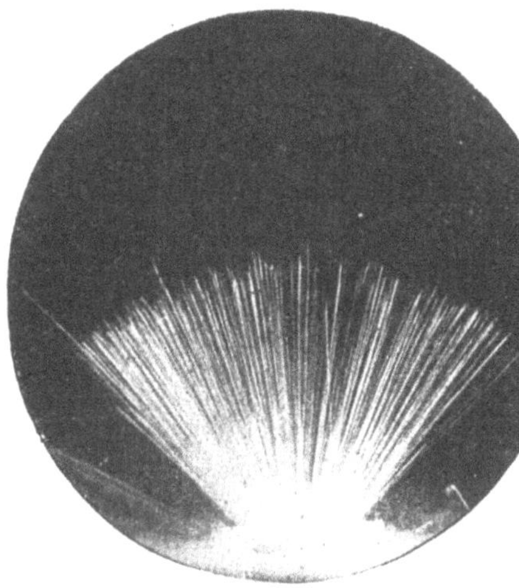

Fig. 35. α-Strahlen des radioaktiven Niederschlags des Thoriums (aus MEITNER, Atomvorgänge und ihre Sichtbarmachung, Stuttgart, ENKE, 1926).

200 Millionen mal die Bewegungsenergie, die infolge der Molekularbewegung bei Zimmertemperatur den Luftmolekeln zukommt, obwohl diese mit einer Geschwindigkeit von rund 500 Metern in der Sekunde dahinschießen.

Die β-Strahlen

Die Betastrahlen weisen eine noch wesentlich größere Anfangsgeschwindigkeit als die α-Strahlen auf. Sie beträgt ungefähr ein Drittel bis zu 99,8 Prozent der Lichtgeschwindigkeit. Trotzdem ist die Wucht wegen der rund 7000mal kleineren Masse geringer als bei den α-Teilchen. Die Bewegung der β-Teilchen ist die rascheste der Physik bekannte materielle Bewegung, und in der Tat offenbart sich bei diesen, der Lichtgeschwindigkeit so nahe kommenden Geschwindigkeiten deutlich die durch die Relativitätstheorie geforderte (und schon erwähnte) Abhängigkeit der Masse von der Geschwindigkeit. Nach der Formel, die die Relativitätstheorie liefert, muß bei einer Geschwindigkeit von 50% der Lichtgeschwindigkeit die Masse bereits um 15% gegenüber der sogenannten „Ruhe-Masse" vermehrt sein, bei einer Geschwindigkeit von 99,8% muß sie aber gar bis auf das ungefähr 16fache ansteigen. Die Richtigkeit dieser Formel ist in der Tat durch Messungen über die magnetische Ablenkung der β-Strahlen erwiesen worden.

Die magnetischen Spektren

Die β-Strahlung eines radioaktiven Elementes setzt sich im allgemeinen aus mehreren Strahlengruppen zusammen, deren jeder ein ganz bestimmter Wert der Anfangsgeschwindigkeit zukommt. In einem Magnetfeld werden aber nun verschieden rasche β-Strahlen in verschiedenem Grade abgelenkt. Derart kann die β-Strahlung in die verschiedenen Strahlengruppen aufgelöst werden, die bei dem Auftreffen auf eine photographische Platte diese schwärzen und dadurch bei geeigneter Versuchsanordnung ein sogenanntes magnetisches β-Strahlspektrum des Elementes erzeugen (vgl. die spätere Fig. 37). Jede Linie dieses Spektrums (das aber natürlich nur eine rein formale Ähnlichkeit mit einem optischen oder Röntgenspektrum besitzt) entspricht dann einer ganz bestimmten Anfangsgeschwindigkeit, die aus der Lage der Linie leicht ermittelt werden kann. Unter den β-Strahlen sind im übrigen primäre und sekundäre zu unterscheiden. Jene bestehen aus Elektronen, die aus dem Kerne selbst fortgeschleudert werden, diese hingegen aus Elektronen, die infolge eines lichtelektrischen Effekts aus dem Planetensystem des betreffenden Atoms ausgelöst werden, und zwar durch aus dem Kern dringende γ-Strahlen.

Die γ-Strahlen

Auch bei den Gammastrahlen müssen primäre und sekundäre unterschieden werden. Die primären entstehen, wenn ein aus dem Kern fortgeschleudertes α- oder β-Teilchen noch innerhalb des Kernes durch Bremsung Bewegungsenergie verliert, die sich in ein Lichtquant verwandelt. Die sekundären γ-Strahlen sind hingegen nichts anderes als charakteristische Röntgenstrahlen von solchen Wellenlängen, wie sie dem Röntgenspektrum des betreffenden Grundstoffs eigentümlich sind.

Die Ionisierung der Luft

Zu den auffälligsten Wirkungen der radioaktiven Strahlung gehört die Ionisierung der Luft. Ein α-Teilchen ionisiert je nach seiner Reichweite etwa 100000 bis 250000 Atome der Luft, ein β-Teilchen ungefähr 10000. Auf der

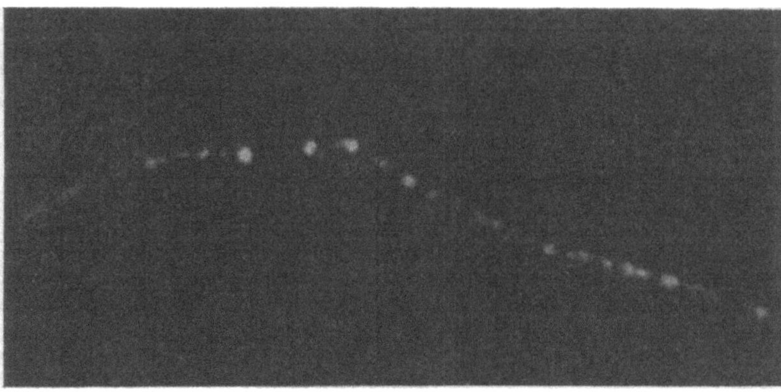

Fig 36. Bahn eines β-Teilchens.
(Aus MEITNER, Atomvorgänge und ihre Sichtbarmachung, Stuttgart, ENKE, 1926.)

Ionisierung der Luft beruhen auch die in übersättigtem Wasserdampf durch die α- oder β-Teilchen erzeugten Nebelstreifen, indem das Luft-Ion die Bildung eines Wassertröpfchens veranlaßt. Während die α-Teilchen geradlinige Nebelstreifen erzeugen, sind die durch die β-Teilchen hervorgerufenen ganz unregelmäßig geformt, weil das viel leichtere β-Teilchen (im Gegensatz zu den schwereren α-Teilchen) bei jedem Zusammentreffen mit einem Luftatom aus seiner Bahn geworfen wird. Da überdies auch die Zahl der erzeugten Luftionen bei einem β-Teilchen wesentlich geringer ist, erscheint in entsprechender Vergrößerung die

Bahn eines β-Teilchens in einzelne Nebeltröpfchen aufgelöst (Fig. 36).

Die Wärmeentwicklung des Radiums

Wird ein radioaktives Präparat in ein Gefäß eingeschlossen, so wird durch das ständige Aufprallen der an den Gefäßwänden zurückgehaltenen α- und β-Teilchen, ferner auch durch die Absorption von γ-Strahlen ständig Wärme entwickelt, und zwar in einem ganz außerordentlich großen Betrage. Ein Radiumpräparat, das ein Gramm Radium enthält, erzeugt so viel Wärme, daß damit immer wieder von neuem innerhalb von drei Viertelstunden ein Liter Wasser vom Eispunkt bis zu dem Siedepunkt erhitzt werden könnte.

α- und β-Umwandlung

Sowohl die Emission eines α- als auch die eines β-Teilchens muß, wie schon erwähnt wurde, eine chemische Umwandlung des zurückbleibenden Atoms zur Folge haben. Natürlich kann auch das Umwandlungsprodukt selbst wieder radioaktiv sein, so daß sich aus ihm ein dritter Grundstoff bildet, und so fort. Da ein α-Teilchen eine positive Ladung von zwei Elementarquanten und eine viermal so große Masse als ein Wasserstoffatom hat, so wird durch eine α-Umwandlung die Ordnungszahl um zwei und das Atomgewicht um vier erniedrigt. Andererseits wird, weil die β-Teilchen Elektronen sind, durch eine β-Umwandlung die Ordnungszahl um eins erhöht, und zwar ohne eine merkliche Änderung des Atomgewichts. Auf Grund dieses Gesetzes der radioaktiven Umwandlungen sowie auf Grund des periodischen Systems der Elemente ergibt sich ohne weiteres der chemische Charakter der „Tochtersubstanz" aus dem der α- oder β-strahlenden „Muttersubstanz"

Die Emanation

Daß in der Tat mit der Erscheinung der radioaktiven Strahlung auch eine Grundstoffumwandlung verbunden ist, hat bereits im Jahre 1900 RUTHERFORD entdeckt. Er stellte die damals sehr überraschende Tatsache fest, daß sich aus dem als radioaktiv erwiesenen Elemente Thorium ständig ein Gas entwickelt, das selbst radioaktiv ist. Dieses Gas bezeichnete RUTHERFORD als die Emanation des Thoriums. Eine ähnliche Erscheinung wurde bald darauf auch bei dem Radium entdeckt. Heute wissen wir, daß die

Thorium- und die Radiumemanation isotope Arten des Edelgases von der Ordnungszahl 86 sind. Daß die Emanation ein Grundstoff ist, ging aus ihrem charakteristischen Spektrum hervor. Gemeinsam mit SODDY hat RUTHERFORD im Jahre 1902 auch bereits die sogenannte Zerfallstheorie begründet, die als eine damals völlig revolutionäre Lehre die Erscheinung der Radioaktivität auf eine stufenweise erfolgende Zersetzung der strahlenden Atome zurückführte. Daß die Zerfallserscheinungen ihren Sitz im Kerne haben, wurde allerdings erst durch die spätere Erkenntnis der kernigen Struktur der Atome offenbar. Das Radium erweist sich als α-Strahler, und in der Tat zeigt, wie es das Gesetz der Grundstoffumwandlungen verlangt, die Emanation die Eigenschaften der VIIIb-Reihe des periodischen Systems, während das Radium der IIa-Reihe angehört. Das Atomgewicht der Radiumemanation wurde, ebenfalls in Übereinstimmung mit dem Umwandlungsgesetz, zu 222 bestimmt, nämlich um vier niedriger als das Atomgewicht des Radiums selbst.

Die Halbwertszeit

Da jedes Radiumatom nach der Emission eines α-Teilchens die Eigenschaften des Radiums verliert, so muß natürlich eine vorhandene Radiummenge durch die unaufhörliche Ausstrahlung eine ständige Verminderung erfahren. Die Zeit, in der sich hierdurch eine gegebene Menge auf die Hälfte verringert, wird als die Halbwertszeit des Radiums bezeichnet. Sie kann nach der (schon in einem früheren Vortrag besprochenen) Szintillationsmethode ermittelt werden, die eine direkte Zählung der von einem Radiumpräparat emittierten α-Teilchen gestattet. So fand man, daß ein Gramm Radium in einer Sekunde 37,2 Milliarden α-Teilchen aussendet; in einem Jahre sind dies 1,17 Trillionen ($1{,}17 \cdot 10^{18}$). Ebenso groß ist die Zahl der zerfallenden Atome pro Gramm und Jahr, woferne man die (durch die Erfahrung hinsichtlich aller Folgerungen gut bestätigte) Annahme macht, daß ein einzelnes α-Teilchen bei dem Zerfall je eines Atoms ausgesendet wird. Andererseits folgt aus dem Atomgewicht des Radiums und der bekannten Masse des Wasserstoffatoms, daß in einem Gramm Radium

2680 Trillionen ($2{,}68 \cdot 10^{21}$) Radiumatome enthalten sind. In einem Jahre zerfällt somit durchschnittlich je ein Radiumatom unter 2280. Hieraus kann leicht berechnet werden (das Problem ist ähnlich wie eines der Zinseszinsrechnung), daß die Halbwertszeit des Radiums 1580 Jahre beträgt. Nach Ablauf dieser Zeit ist von einem ursprünglich vorhandenen Gramm Radium nur mehr ein halbes Gramm da, das sich im Verlaufe von weiteren 1580 Jahren auf ein viertel Gramm verringert, und so fort.

Heliumatome und α-Teilchen

Wenige Jahre nach der Entdeckung der Emanation stellten RAMSAY und SODDY auch fest, daß sich aus der Emanation bei deren Zerfall Helium bildet. Es war der erste Fall, in dem die Entstehung eines bereits von früher her den Chemikern bekannt gewesenen Elementes aus einem anderen Grundstoff beobachtet wurde. RAMSAY und SODDY erbrachten den Nachweis der Heliumbildung auf spektroskopischem Wege. Daß aber die Atome des entstandenen Heliums nichts anderes sind als neutralisierte Alphateilchen, die von der radioaktiven Substanz fortgeschleudert werden, geht aus einem bemerkenswerten Versuch von RUTHERFORD und ROYDS hervor. Diese brachten eine α-strahlende Substanz in eine zugeschmolzene Glasröhre, deren sehr dünne Wand eine Dicke von nur ungefähr $^1/_{100}$ mm hatte; durch diese Wand konnten, wie man wußte, die α-Strahlen nahezu ungehindert hindurchgehen. Die dünnwandige Glasröhre befand sich in einem anderen, ebenfalls zugeschmolzenen, jedoch dickwandigen Glasgefäß. Außerhalb dieses Gefäßes konnten Szintillationen nicht nachgewiesen werden, und es war somit erwiesen, daß alle α-Teilchen, die durch die dünne Glaswand gedrungen waren, in dem evakuierten Zwischenraum zwischen den beiden Wänden verblieben. In diesem Zwischenraum konnten aber nun RUTHERFORD und ROYDS in der Tat nach einiger Zeit das Auftreten von Helium spektroskopisch nachweisen.

Die Geschwindigkeit der Heliumbildung

Wie die näheren Messungen zeigten, erzeugt 1 g Radium in einem Jahre ungefähr 167 Kubikmillimeter Helium, die ein Gewicht von 0,0298 Milligramm darstellen. Da die

Masse eines Heliumatoms viermal so groß ist wie die eines Wasserstoffatoms, so kann man hieraus unschwer berechnen, daß aus 1 g Radium in einem Jahre 4,52 Trillionen Heliumatome entstehen. Andererseits emittiert, wie schon erwähnt wurde, 1 g Radium in einem Jahre 1,17 Trillionen α-Teilchen. Ein Radiumpräparat enthält aber nun außer Radium stets noch (im sogenannten radioaktiven Gleichgewicht mit dem Radium) drei Umwandlungsprodukte des Radiums (Ra A, Ra B, Ra C), deren jedes ebensoviel α-Teilchen aussendet wie das Radium selbst. Wird daher die zuletzt angegebene Zahl noch mit 4 multipliziert, so ergeben sich 4,68 Trillionen, in guter Übereinstimmung mit der Zahl der jährlich von 1 g Radium erzeugten Helium-Atome; dies muß als eine glänzende Bestätigung der Zerfallstheorie und der atomistischen Grundideen überhaupt angesehen werden. Es ist übrigens klar, daß man auch umgekehrt auf Grund der Szintillationsmethode und der Messung des gebildeten Heliums die absolute Masse des Helium- und somit auch des Wasserstoffatoms bestimmen kann, ohne daß anderweitige Forschungsergebnisse herangezogen werden müßten.

Tabelle V.

Radioaktive Isotope (einschließlich der inaktiven Arten der Grundstoffe Nr. 81—92).

Ordnungszahl	Element	Zahl der Isotopen
81	Thallium	4
82	Blei	8
83	Wismut	5
84	Polonium	7
86	Emanation	3
88	Radium	4
89	Aktinium	2
90	Thorium	6
91	Protaktinium	3
92	Uran	2

Die Radioelemente

Zur Zeit kennt die Physik vierzig radioaktive Grundstoffe oder, wie man sie kurz nennt, Radioelemente.

Sie verteilen sich (wenn man von Kalium und Rubidium absieht, bei denen ebenfalls Radioaktivität festgestellt wurde) auf die letzten zwölf Stellen des periodischen Systems mit den Ordnungszahlen 81 bis 92, jedoch mit Auslassung der 85. und der 87. Stelle. Die Zahl der radioaktiven Isotope ist somit sehr groß, wie näher aus der Tabelle V ersichtlich ist. Im übrigen unterscheiden sich radioaktive Isotope nicht nur im Atomgewicht, sondern auch in dem radioaktiven Verhalten, also z. B. in der Art ihrer Strahlung, in ihrer Lebensdauer usw. Die Halbwertszeiten der Radioelemente, die nach mannigfachen Methoden ermittelt werden konnten, sind sehr verschieden. Bei einem als Thorium-C′ bezeichneten Radioelement dürfte beispielsweise die Halbwertszeit nur ungefähr zehnmal so groß sein wie der billionste Teil einer Sekunde. Bei Uran beträgt sie rund fünf Milliarden Jahre, bei Rubidium etwa hundert Milliarden, bei Kalium gar ungefähr eine Billion Jahre. Von einer Billion Uranatomen würde danach durchschnittlich erst etwa jeden zweiten Tag je eines zerfallen. So ungeheuer groß ist die Stabilität der Uranatome, obwohl bei ihnen deutlich eine radioaktive Strahlung feststellbar ist. Noch viel geringer muß daher die Wahrscheinlichkeit dafür sein, daß selbst innerhalb eines sehr großen Zeitraums ein Atom eines Elementes zerfällt, bei dem radioaktive Erscheinungen nicht beobachtet werden.

ZEHNTER VORTRAG

DIE UMWANDLUNGEN DER GRUNDSTOFFE

Die Umwandlungsreihen

Während noch am Ende des 19. Jahrhunderts den Chemikern eine Grundstoffumwandlung als eine Unmöglichkeit erschienen war, offenbaren die Erscheinungen der Radioaktivität eine große Zahl derartiger Transmutationen. Wie die genauen Forschungen erkennen ließen, können nämlich die Radioelemente (wenn man von Kalium und Rubidium absieht) derart in drei Umwandlungsreihen eingeordnet werden, daß jedes Element einer solchen Reihe aus dem ihm in der Reihe vorangehenden entweder durch eine α- oder eine β-Umwandlung hervorgeht. Die drei Reihen werden unterschieden als die Uran-, die Thorium- und die Aktiniumreihe, wobei aber die Aktiniumreihe nur als eine Abzweigung der Uranreihe anzusehen ist. Die Glieder der Aktiniumreihe finden sich nämlich in allen Uranmineralien mit demselben, dreiprozentigen Anteil an der gesamten Aktivität vor. Hieraus kann geschlossen werden, daß an einer Stelle der Uranreihe eine Verzweigung derart erfolgt, daß von je 100 Atomen 97 die Umwandlung in der Richtung zum Radium und 3 die auf dem Wege zum Aktinium erfahren.

Die Uranreihe

Die Tabelle VI stellt die Uranreihe (genauer gesagt, die Uran-Radiumreihe) dar. Bei den einzelnen Elementen

Tabelle VI.

Die Uranreihe.

Uran I (92, 238, VIa, 4,4 Milliarden Jahre)
α ↓
Uran X_1 (90, 234, IVa, 23,8 Tage)
β ↓
Uran X_2 (91, 234, Va, 1,15 Minuten)
β ↓
Uran II (92, 234, VIa, 1 Million Jahre)
α ↓
Ionium (90, 230, IVa, 90000 Jahre)
α ↓
Radium (88, 226, IIa, 1580 Jahre)
α ↓
Radiumemanation (86, 222, VIIIb, 3,82 Tage)
α ↓
Radium A (84, 218, VIb, 3,05 Minuten)
α ↓
Radium B (82, 214, IVb, 26,8 Minuten)
β ↓
Radium C (83, 214, Vb, 19,5 Minuten)
β ↓
Radium C′ (84, 214, VIb, 10^{-8} Sekunden)
α ↓
Radium D (82, 210, IVb, 16 Jahre)
β ↓
Radium E (83, 210, Vb, 4,98 Tage)
β ↓
Polonium (84, 210, VIb, 136,5 Tage)
α ↓
Uranblei (82, 206, IVb, stabil).

sind die Ordnungszahl, das Atomgewicht, die Gruppenzugehörigkeit innerhalb des periodischen Systems und endlich die Halbwertszeit angeführt. Überdies ist stets angegeben, ob die Umwandlung von dem einen zu dem nächsten Element durch α- oder β-Strahlung erfolgt. Wie aus der Tabelle ersichtlich ist, ist das Uran ein Mischelement. Es enthält zwei Isotope, Uran I und Uran II, von denen das mit dem um vier niedrigeren Atomgewicht aus dem anderen durch eine α- und zwei β-Umwandlungen hervorgeht. Uran II ist die Muttersubstanz des mit dem Thorium isotopen Ioniums, dieses wieder die Muttersubstanz des Radiums.

Der radioaktive Niederschlag

Aus der Radiumemanation bildet sich der feste sogenannte radioaktive Niederschlag, der mehrere aufeinanderfolgende Umwandlungsprodukte der Emanation vermengt enthält. Wenn diese auch in viel zu geringer Menge auftreten, als daß man sie direkt wahrnehmen könnte, so war es doch durch Beobachtung ihrer Strahlung möglich, den Schmelzpunkt oder Siedepunkt aller dieser Stoffe zu ermitteln und ihre Löslichkeit in verschiedenen Säuren zu beurteilen. Aus der Bildung dieses Niederschlages erklärt sich die bald nach der Entdeckung des Radiums festgestellte Tatsache, daß Körper, die sich in demselben Raume mit Radium befinden, selbst radioaktiv werden. Aus dem Niederschlag entsteht allmählich eine Bleiart, die als Radium D bezeichnet wird und wesentlich längerlebig als der Niederschlag ist. Im übrigen tritt bei Radium C eine Verzweigung der Reihe ein. Von je 10000 Radium-C-Atomen erfahren nämlich nur 9996 die Umwandlung zum Radium C′. Die übrigen vier emittieren nicht ein β-, sondern ein α-Teilchen und verwandeln sich in ein als Radium C″ bezeichnetes Element, das unter β-Strahlung ebenfalls in Radium D übergeht. Aus dem Radium D bildet sich durch β-Strahlung ein als Radium E bezeichnetes Wismutisotop, aus diesem abermals unter β-Strahlung das auch Polonium genannte Radium F (der Hauptrepräsentant der 84. Stelle in der natürlichen Reihe). Ist auch das Polonium durch Zerfall verschwunden, so erlischt die radioaktive Strahlung. Daraus muß geschlossen werden, daß die Tochtersubstanz des α-strahlenden Poloniums, die nach dem Umwandlungsgesetz eine Bleiart sein muß, das stabile Endprodukt der Uran-Radiumreihe darstellt.

Die Thoriumreihe

Eine vielfache Analogie zu der Uranreihe weisen die beiden anderen bekannten Umwandlungsreihen auf, die in Tabelle VII wiedergegebene Thoriumreihe und die Aktiniumreihe. In beiden Reihen kommen ebenfalls eine Emanation und ein kurzlebiger Niederschlag vor. Die Thoriumemanation ist allerdings mit einer Halbwertszeit von weniger als einer Minute wesentlich kürzerlebig als die Emanation des Radiums, deren Halbwertszeit rund vier Tage beträgt. Noch kürzerlebig ist die Emanation des Aktiniums, deren Halbwertszeit nur vier Sekunden währt. Auch bei Tho-

Tabelle VII.

Die Thoriumreihe.

Thorium (90, 232, IVa, 20 Milliarden Jahre)
$\alpha \downarrow$
Mesothor I (88, 228, IIa, 6,7 Jahre)
$\beta \downarrow$
Mesothor II (89, 228, IIIa, 6,2 Stunden)
$\beta \downarrow$
Radiothor (90, 228, IVa, 1,90 Jahre)
$\alpha \downarrow$
Thorium X (88, 224, IIa, 3,64 Tage)
$\alpha \downarrow$
Thoriumemanation (86, 220, VIIIb, 54,5 Sekunden)
$\alpha \downarrow$
Thorium A (84, 216, VIb, 0,14 Sekunden)
$\alpha \downarrow$
Thorium B (82, 212, IVb, 10,6 Stunden)
$\beta \downarrow$
Thorium C (83, 212, Vb, 60,8 Minuten)
$\beta \downarrow$
Thorium C' (84, 212, VIb, 10^{-11} Sekunden)
$\alpha \downarrow$
Thorium D (82, 208, IVb, stabil).

rium C (und ähnlich auch bei Aktinium C) tritt eine Verzweigung der Reihe ein. Von 100 Thorium-C-Atomen zerfallen ungefähr 65 unter β- und 35 unter α-Umwandlung. Letztere verwandeln sich in Thorium C'', das unter β-Strahlung wiederum in Thorium D übergeht. Sowohl das Endprodukt der Thoriumreihe, das Thorium D, als auch das der Aktiniumreihe, das Aktinium D, stellen stabile Bleiarten dar. Wie aus dem Umwandlungsgesetz folgt, muß das Thoriumblei ein um zwei höheres Atomgewicht als das Uranblei aufweisen; hingegen ist das Atomgewicht der Thoriumemanation um zwei niedriger als das der Radiumemanation. Die allmähliche Umwandlung eines der Thoriumreihe angehörenden Radioelementes ist auch unmittelbar aus den in Fig. 37 wiedergegebenen Photographien ersichtlich, die in drei aufeinanderfolgenden Stadien das magnetische Spektrum eines Mesothor-II-Präparates (nach Lise MEITNER) wiedergeben. Das erste Bild wurde mit einem ganz frischen Präparat gewonnen, das zweite 24 Stunden später, das dritte acht Tage später mit demselben Präparat aufgenommen. Das erste Bild zeigt die charakteristischen Mesothor-II-Linien; das zweite läßt deutlich erkennen, wie diese Linien allmählich verschwinden und dafür neue Linien auftreten. In dem dritten Bild sind nur mehr diese vorhanden. Dies beweist, daß sich innerhalb von acht Tagen das Mesothor II praktisch vollständig in andere ebenfalls β-strahlende Elemente (Thorium B und Thorium C) umgewandelt hat.

Die Umwandlung von Uran und Thorium in Blei

Fig. 37. Umwandlung des Mesothors II, erkennbar aus dem magnetischen Spektrum (aus MEITNER, Atomvorgänge und ihre Sichtbarmachung).

Daß sich in der Tat Uran und Thorium allmählich in Blei verwandeln, geht daraus hervor, daß sich in allen Uran- und ebenso in allen Thoriummineralien stets Blei eingeschlossen findet, und zwar immer derart, daß das ermittelte Atomgewicht von dem des gewöhnlichen Bleis abweicht. Daraus muß gefolgert werden, daß jedenfalls ein Teil des eingeschlossenen Bleis aus dem Uran oder Thorium entstanden ist; aus dem ermittelten Atomgewicht kann auch berechnet werden, wieviel von dem vorgefundenen Blei aus dem Uran oder Thorium stammt, während der Rest gewöhnliches Blei ist, das von Anfang an als sogenannte Verunreinigung in dem Mineral enthalten war. Aus der Halbwertszeit des Urans folgt, daß von einer gegebenen Menge Uran ein Prozent in ungefähr 80 Millionen Jahren zerfällt. An Uranblei weisen nun die Uranmineralien einen Gehalt zwischen 4 und 21 Prozent auf. Da, wie erwähnt, in 80000000 Jahren ein Prozent des Urans zerfällt, so entspricht dem Höchstgehalt ein Alter des Minerals von ungefähr 1500 Millionen Jahren. So groß ist zumindest der Zeitraum anzunehmen, der seit der Entstehung einer festen Erdrinde vergangen ist.

Die Erzeugung von Wasserstoff aus anderen Elementen

Alle bisher besprochenen Grundstoffumwandlungen verlaufen ganz spontan. Zurzeit wenigstens ist die Experimentalphysik nicht imstande, ihren Verlauf irgendwie zu beeinflussen, ihn zu beschleunigen oder zu verzögern. Als einzige, bisher einwandfrei erwiesene künstliche Grundstoffumwandlung kann höchstens in gewissem Sinne die Erzeugung von Wasserstoff aus Stickstoff, Aluminium und den anderen Elementen angesehen werden, deren Kerne durch α-Strahlen unter dem Freiwerden von Wasserstoffkernen zertrümmert wurden (vgl. den zweiten Vortrag). Wollte man indessen nach diesem Verfahren mittels eines Radiumpräparates aus der Luft Wasserstoff erzeugen, so wäre die Ausbeute ungeheuer gering. Selbst wenn man sich eines Präparates bedienen würde, das ein ganzes Kilogramm Radium enthält, so könnte im Laufe eines Jahres nur ungefähr ein Kubikmillimeter Wasserstoffgas erzeugt werden. Dabei ist im übrigen vorausgesetzt, daß sich die aus den zertrümmerten Kernen frei werdenden Wasserstoffkerne durch Einfangen von Elektronen zu vollständigen Wasserstoffatomen ergänzen.

Das Problem der künstlichen Goldererzeugung

Wie es kaum anders zu erwarten war, haben die neuesten exakten Erkenntnisse über die Grundstoffumwandlungen auch das Hauptproblem der mittelalterlichen Alchemie wieder lebendig werden lassen, nämlich die Frage der künstlichen Golderzeugung. Im Jahre 1924 hat ein angesehener deutscher Physiker großes Aufsehen durch seine Mitteilung gemacht, daß ihm in starken elektrischen Feldern die Umwandlung von Quecksilber in Gold in wägbarer Menge gelungen sei. Spätere Untersuchungen anderer Forscher lassen es indessen als sicher erscheinen, daß das vermeintlich künstlich hergestellte Gold stets von Anfang an als geringfügige Verunreinigung in dem Quecksilber enthalten ist. Gegen die Annahme einer Umwandlung spricht auch die Tatsache, daß sich das Atomgewicht des künstlichen Goldes nicht von dem des natürlichen unterscheidet.

Die Umwandlung von Stickstoff- in Sauerstoffkerne

Eine Umwandlung, die mit einer Vergrößerung der Atommasse verbunden ist, ist bisher in einem einzigen Falle nachgewiesen worden, und zwar durch die schon in dem zweiten Vortrag erwähnten BLACKETTschen Photographien, die die Zertrümmerung von Stickstoffkernen durch Alphateilchen zeigen. Wie aus diesen Bildern (die frühere Fig. 8 auf Tafel II) ersichtlich ist, bleibt in dem Kerne, aus dem das Proton fortgeschleudert wird, das Geschoß selbst, nämlich das α-Teilchen, stecken. Da also bei diesem Vorgang der ursprüngliche Stickstoffkern ein α-Teilchen gegen ein Proton eintauscht, so kann nach erfolgter Neutralisation das Ergebnis nur ein sonst unbekanntes Sauerstoff-Isotop vom Atomgewicht 17 sein; offenbar ist aber ein solches Atom nicht stabil.

Die Heliumsynthese

Eine Umwandlung, die zwar noch nicht beobachtet wurde, die aber als denkbar und möglicherweise außerhalb der Erde vorkommend das höchste theoretische Interesse verdient, ist die Synthese von Helium aus Wasserstoff. Aus vier Wasserstoffatomen, die vier Protonen und vier Elektronen enthalten, könnte nämlich ein Heliumatom derart gebildet werden, daß sich vier Protonen und zwei Elektronen zu einem neuen Kern vereinigen, während die übrig bleibenden zwei Elektronen die „Planeten" des neuen Atoms darstellen. Eine derartige Synthese müßte jedenfalls mit einem Energieumsatz verbunden sein, und dessen Betrag läßt sich nun genau angeben, obwohl der Vorgang der Synthese als solcher völlig unbekannt ist. Die Berechnung gelingt mittels eines auch für die Atomphysik höchst bedeutungsvollen Satzes der Relativitätstheorie, der als der Satz von der Masse der Energie bezeichnet wird.

Die Masse der Energie

Nach diesem von EINSTEIN im Jahre 1905 aufgefundenen Gesetz erfährt jeder Körper, der seinen Energieinhalt verändert, dadurch auch eine Änderung seiner Masse; sie wird zum Beispiel durch Wärmeausstrahlung vermindert, durch Erwärmung erhöht. Ganz allgemein muß somit jeder Energie als solcher Masse und umgekehrt jeder Masse eine sogenannte Eigenenergie zukommen. Die Gesetze von der Erhaltung der Masse und von der Erhaltung der Energie erscheinen derart zu einem höheren Gesetz verschmolzen; demzufolge die Summe aller im Weltall vorhandenen Energie einschließlich der Eigenenergie der in den Körpern enthaltenen Masse eine unveränderliche Größe darstellt. Die Eigenenergie eines Gramms ergibt sich in Erg gleich dem Quadrate der Lichtgeschwindigkeit, woferne diese in Zentimetern pro Sekunde ausgedrückt wird. Die Eigenenergie eines Gramms beträgt also 900 Trillionen ($9 \cdot 10^{20}$) Erg, oder rund 9 Billionen Kilogramm-Meter. Die allergrößten Ozeandampfer werden mit rund 50000 Pferdestärken betrieben, was einer täglichen Arbeitsleistung von etwa einer Drittel Billion Kilogramm-Metern entspricht. Die Energie, die ein solcher Schiffsriese bei einer Überquerung des Atlantischen Ozeans (also in etwa einer Woche) aufbraucht, würde also erst ein Massenäquivalent von ungefähr einem Viertelgramm ergeben. Gäbe es einen Wunderstoff, dessen Eigenenergie zum großen Teil frei gemacht werden könnte, so würde umgekehrt von diesem Stoffe weniger als ein Gramm als Betriebsmittel für die Ozeanfahrt genügen, an Stelle von vielleicht 5000 Tonnen Kohle.

Der Massenverlust der Sonne

Die mit beobachtbaren Energieänderungen verbundenen Massenänderungen sind also jedenfalls zu klein, als daß sie wahrgenommen und gemessen werden könnten; aber gleichwohl ist der Satz von der Masse der Energie sowohl für die Physik der Sterne als auch für die Physik der Atomkerne von großer Bedeutung. Der ungeheueren Wärmestrahlung der Sonne entspricht auch eine allmähliche Verminderung der Sonnenmasse. Die Sonne strahlt in jeder Sekunde eine Wärmemenge aus, die imstande wäre, eine Trillion Tonnen Wasser vom Schmelzpunkt bis zu dem Siedepunkt zu erhitzen. Da zu der Erwärmung von einem Liter Wasser um ein Grad 42 Millionen Erg erforderlich sind, kann leicht berechnet werden, daß die Sonne in jeder Sekunde einen Massenverlust von etwa vier Millionen Tonnen erleidet. Dies würde in zehn Jahren eine Verminderung der Sonnenmasse um den ungefähr billionsten Teil bedeuten.

Der Packeffekt der Kerne

Eine wesentliche Rolle dürfte dem Satz von der Masse der Energie nun auch in der Kernphysik zukommen. Berechnet man das Massenäquivalent der Bewegungsenergie eines fortgeschleuderten α-Teilchens, so findet man hierfür fast ein Prozent von der Masse eines Wasserstoffatoms. Da ein Kern eines Radioelementes jedenfalls aus vielen α-Teilchen zusammengesetzt ist, so dürfte daher auch seine innere Energie ein Massenäquivalent besitzen, das wohl einige Promille der gesamten Atommasse ausmacht. Durch den Satz von der Masse der Energie erklären sich derart die auch bei Reinelementen festgestellten Abweichungen der Atomgewichte von der Ganzzahligkeit; sie sind eine Folge der dichten „Packung" der Protonen und Elektronen in den Kernen.

Die innere Energie des Heliumkerns

Umgekehrt kann auch eine Vergleichung von Atomgewichten eine Bestimmung der inneren Energie der Kerne ermöglichen. So ist beispielsweise das Atomgewicht des Heliums mit 4,00 um etwa 0,03 kleiner als das Vierfache des Atomgewichts des Wasserstoffs (1,008; auf Sauerstoff = 16 bezogen). Hieraus folgt, daß bei der Synthese des Heliumatoms aus vier Wasserstoffatomen eine Energiemenge frei würde, deren Massenäquivalent drei Prozent der Masse des Wasserstoffatoms beträgt (also 45 Millionstel eines Ergs). Die innere Energie eines α-Teilchens (das ja dasselbe wie ein Heliumkern ist) erweist sich somit noch ungefähr dreimal größer als seine Bewegungsenergie bei der größten Geschwindigkeit, die bei α-Strahlen wahrgenommen wird. Bei einer Synthese von einem Gramm Helium aus einem Gramm Wasserstoff würde danach eine ebenso große Wärme entwickelt werden wie bei der Verbrennung einer zwanzigtonnigen Waggonladung von Kohle.

Die mögliche Vernichtung der Protonen in den Fixsternen

Durch Grundstoffumwandlungen könnte derart aus der Materie ein Energiebetrag gewonnen werden, der millionenmal größer ist als derjenige, der durch chemische Prozesse aus derselben Materiemenge frei werden kann. Aber so gewaltig auch jener Energiebetrag ist, er erreicht doch kaum ein Prozent der Eigenenergie, die der betreffenden Materiemenge infolge ihrer Masse zukommt. Würde daher die ungeheuere Energie, die alle Fixsterne ständig ausstrahlen, nur in Kernumwandlungen ihre Quelle haben, so könnten die Fixsterne während ihrer Lebensdauer (von etwa rund einer Billion Jahren) höchstens den hundertsten Teil ihrer Masse durch Ausstrahlung verlieren. Dem scheinen aber allerneueste astronomische Erkenntnises zu widersprechen. Sie führen (wie vor allem EDDINGTON 1926 zeigte) zu der Folgerung, daß die Sterne den weitaus größten Teil ihrer Masse allmählich durch ihre Strahlung einbüßen. Dies wäre nur durch die Annahme zu erklären, daß in den Fixsternen nicht bloß die Atomkerne einer ständigen Umwandlung unterliegen, sondern daß in den Sternen auch eine unaufhörliche Vernichtung von Elektronen und Protonen stattfindet. Diese Urbestandteile der Materie würden in den Fixsternen verschwinden, um Lichtquanten strahlender Energie ins Leben zu rufen, die sich vielleicht dann ihrerseits in den kosmischen Nebeln in Materie zurückverwandeln.

Das Rätsel der Materie

Würde sich diese Auffassung als richtig erweisen, dann würde freilich der Begriff der Materie völlig seine ursprüngliche Bedeutung verlieren. Weder Protonen noch Elektronen könnten dann als Substanz im eigentlichen Sinne dieses Wortes angesehen werden; sie wären vergänglich, aber auch neuer Entstehung fähig. Als das wahrhaft Seiende bliebe, wie es schon der griechische Denker HERAKLIT geahnt hatte, nichts übrig als der rastlose Wechsel aller Dinge, seine unabänderliche Gesetzmäßigkeit und sein ewiger Rhythmus.

ERGÄNZENDE ANMERKUNGEN

(In den Vorträgen selbst wurden absichtlich auch die einfachsten mathematischen Formeln vermieden, da die Abneigung vieler Leser gegen solche berücksichtigt werden mußte. Da es aber sicherlich auch viele Leser geben wird, die die wichtigsten, in den Vorträgen erwähnten Beziehungen in exakt-quantitativer Gestalt kennenzulernen wünschen, so sei dies hier nachgetragen.)

Die elektrostatische Einheit

Der Begriff der elektrostatischen Einheit hängt einerseits mit dem Begriff der Dyne, andererseits mit dem COULOMBschen Gesetz zusammen. Nach einem für die Mechanik grundlegenden Gesetz (dem sogenannten zweiten NEWTONschen Bewegungsgesetz) ist die Kraft gleich dem Produkt aus der Masse und der ihr erteilten Beschleunigung. Werden als Längen- und Zeiteinheit Zentimeter und Sekunde benutzt, so ist die Geschwindigkeitseinheit gleich einem Zentimeter pro Sekunde. Als Beschleunigungseinheit erscheint eine Beschleunigung, die die Geschwindigkeit in der Sekunde um 1 cm pro sec vermehrt. Als absolute Krafteinheit oder Dyne ist dann eine Kraft definiert, die einer Masse von 1 Gramm die vorhin angegebene Einheit der Beschleunigung erteilt. Das COULOMBsche Gesetz lehrt, daß die Kraft, mit der zwei elektrische Ladungen Q und Q' einander in der Entfernung r anziehen oder abstoßen, durch den Ausdruck gegeben ist

$$K = \frac{Q\,Q'}{r^2}$$

(welche Formel allerdings nur im leeren Raum völlig genau, in Luft praktisch genau gilt). Die elektrostatische Einheit ist durch eine Ladung gegeben, die gemäß dem COULOMBschen Gesetz auf eine gleich große in einer Entfernung von 1 cm eine Kraft von 1 Dyne ausübt.

Die LOSCHMIDTsche Zahl

Die LOSCHMIDTsche Zahl, die oft benutzt wird, ist diejenige Zahl, durch die man das praktische Atomgewicht eines Elements dividieren muß, um das absolute Gewicht eines Atoms dieses Grundstoffs in Grammen zu erhalten. Da das Atomgewicht des Wasserstoffs 1,008 beträgt, hängen die LOSCHMIDTsche Zahl (L) und die Masse des Wasserstoffatoms m_{H} durch die Beziehung zusammen:

$$L\,m_{\mathrm{H}} = 1{,}008$$

Die LOSCHMIDTsche Zahl beträgt $6{,}062 \cdot 10^{23}$. Sie wird so zu Ehren des Wiener Physikers LOSCHMIDT benannt, der im Jahre 1865 zuerst die Größe der Atome ungefähr der Größenordnung nach zu ermitteln vermochte, und zwar auf Grund von gastheoretischen Überlegungen.

Die spektroskopischen Einheiten

Als Einheiten der Wellenlänge werden gewöhnlich benutzt: in der optischen Spektroskopie die ÅNGSTRÖM-Einheit (Å.-E.); in der Röntgenspektroskopie die X-Einheit (X-E.); in der Spektroskopie des Ultraroten das μ. Es ist

$$1\ \text{Å.-E.} = 10^{-8}\ \text{cm}\,; \quad 1\ \text{X-E.} = 10^{-11}\ \text{cm}\,; \quad 1\ \mu = 10^{-4}\ \text{cm}\,.$$

Das Erg ist definiert als die Arbeit, die eine Kraft von 1 Dyne auf einem Wege von 1 cm verrichtet. Die Wärmemenge, die erforderlich ist, um 1 Gramm Wasser um 1 Celsiusgrad zu erwärmen, wird als Kalorie bezeichnet. Ihr entspricht eine Arbeit von 42 Millionen Erg. Das Erg

Die Beziehung, die die RYDBERGsche Konstante (R) mit dem elektrischen Elementarquantum (e), der Elektronenmasse (m) und dem elementaren Wirkungsquantum (h) verknüpft, hat die Form Die atomphysikalische Deutung der RYDBERGschen Konstanten

$$R = \frac{2\pi^2 e^4 m}{h^3}$$

(Es sei hierbei der Hinweis darauf gestattet, daß diese Formel bereits drei Jahre vor BOHR von dem Verfasser dieses Buches abgeleitet und in den Sitzungsberichten der Wiener Akademie, Abt. IIa, 1910, S. 119—144, dortige Gleichung 67, veröffentlicht wurde, allerdings mit einem abweichenden Zahlenfaktor, da die Betrachtungen nicht auf das damals noch unbekannte RUTHERFORDsche, sondern auf das ältere, sogenannte THOMSONsche Atommodell gegründet waren.)

Die Formel, die nach der Relativitätstheorie die Abhängigkeit der Masse von der Geschwindigkeit angibt, hat folgende Gestalt: Die relativistische Massenformel

$$m = \frac{m_0}{\sqrt{1 - \frac{v^2}{c^2}}}$$

wobei m die Masse, m_0 die Ruhemasse, v die Geschwindigkeit der Bewegung und c die Lichtgeschwindigkeit bedeuten.

Wird mit λ die sogenannte Zerfallskonstante eines Radioelements bezeichnet, die es angibt, welcher Bruchteil der vorhandenen Menge in der Zeiteinheit zerfällt, so ergibt sich die Halbwertszeit, auf diese Zeiteinheit (also z. B. Tag oder Jahr) bezogen, nach der Beziehung Halbwertszeit und Zerfallskonstante

$$T = \frac{\log \text{nat}\, 2}{\lambda}.$$

Der natürliche Logarithmus von 2 ist 0,693.... Für den Fall, daß sich zwischen Muttersubstanz und Tochtersubstanz „radioaktives Gleichgewicht" eingestellt hat, gilt die Beziehung, daß sich die vorhandenen Mengen beider Stoffe umgekehrt wie deren Zerfallskonstanten, also ebenso wie deren Halbwertszeiten, verhalten. Von Substanzen, die miteinander im radioaktiven Gleichgewicht stehen, zerfallen in derselben Zeit stets gleich viel Atome.

Im folgenden seien zum Schlusse die vier universellen Konstanten der Atomphysik zusammengestellt: Die universellen Konstanten der Atomphysik

Elektrisches Elementarquantum	$4{,}774 \cdot 10^{-10}$ elektrostat. Einheiten.
Masse des Wasserstoffatoms	$1{,}66 \cdot 10^{-24}$ Gramm.
Masse des Elektrons	$9{,}00 \cdot 10^{-28}$ Gramm.
Elementares Wirkungsquantum	$6{,}545 \cdot 10^{-27}$ Erg $\times$ Sekunden.

CHRONOLOGISCHE ÜBERSICHT

Um 400 v. Chr. DEMOKRIT begründet die philosophische Atomistik.
1733 DUFAY entdeckt den Dualismus der Elektrizität.
1808 DALTON entdeckt das Gesetz der konstanten Gewichtsverhältnisse.
1811 Gesetz von AVOGADRO.
1812 BERZELIUS führt die chemischen Erscheinungen auf elektrische zurück.
1814 Entdeckung der FRAUNHOFERschen Linien.
1833 FARADAY entdeckt die Grundgesetze der Elektrolyse.
1860 KIRCHHOFF und BUNSEN begründen die Spektralanalyse.
1869 MENDELEJEFF und Lothar MEYER entdecken die chemische Periodizität.
1885 Spektroskopische Formel von BALMER.
1895 Entdeckung der Röntgenstrahlen.
1896 Entdeckung der Radioaktivität durch BECQUEREL.
1898 Entdeckung des Radiums durch P. und M. CURIE.
1900 PLANCK begründet die Quantentheorie.
1900 Entdeckung der Emanationen.
1902 RUTHERFORD und SODDY begründen die Zerfallstheorie.
1905 EINSTEIN entdeckt die Masse der Energie.
1905 BARKLA entdeckt die Eigenstrahlung.
1911 RUTHERFORD begründet die Vorstellung des Kernatoms.
1912 LAUE entdeckt die Beugung der Röntgenstrahlen durch die Kristalle.
1913 BOHR begründet die Quantentheorie des Atoms und der Spektren.
1913 MOSELEY begründet die Röntgenspektroskopie.
1915 SOMMERFELD vervollkomnet die Quantentheorie durch die Einführung der Nebenquantenzahl.
1919 ASTON begründet die Massenspektroskopie.
1919 RUTHERFORD gelingt zuerst die künstliche Zertrümmerung von Grundstoffen.
1922 BOHR begründet die Elektronentheorie der chemischen Periodizität.

NAMENVERZEICHNIS

SACHVERZEICHNIS

(*Fortsetzung siehe nächste Seite*).

ARTHUR HAAS

ATOMTHEORIE

in elementarer Darstellung

Mit 56 Figuren im Text und auf 2 Tafeln

1924. Gr.-Okt. VIII, 204 Seiten. Geh. Rm. 5.40, geb. Rm. 6.80

Englische Übersetzung von T. Verschoyle bei Constable & Co., London 1926

„Referent ist überzeugt, daß eine elementare Darstellung der Atomphysik nicht besser und sorgfältiger geschrieben werden kann, als es hier geschehen ist". Prof. Sommerfeld in der Deutschen Literaturzeitung.

„Dem Verfasser ist der Versuch glängend gelungen, dem Nichtphysiker den ganzen Komplex der modernen Atomphysik ohne Zuhilfenahme der höheren Mathematik verständlich zu machen." Pharmazeutische Monatshefte.

„Dr. Haas is a gifted exponent, with a particular talent for compression . . . The general exposition is excellent The book has many great merits: it is original in selection and arrangement of matter, concise in expression, includes very recent work, and is written with a knowledge and appreciation which are abundantly evident." Nature.

DAS NATURBILD DER NEUEN PHYSIK

Zweite, wesentlich vermehrte und verbesserte Auflage

Mit 17 Figuren im Text und auf 2 Tafeln

1923. Oktav. V, 160 Seiten. Geh. Rm. 5.—, geb. Rm. 6.—

Englische Übersetzung von Universitätsprofessor R. W. Lawson, Sheffield, bei Methuen & Co., London und Dutton, New York; 1923, 2. Aufl. 1924

Russische Übersetzung bei Grshebin, Moskau

Schwedische Übersetzung bei P. A. Norstedt & Söner, Stockholm 1925

„Dieses Buch ist ein Muster populärer Darstellung." Die Naturwissensch.

„Das Buch liest sich wie ein spannender Roman." Ars medici.

„Haas besitzt im höchsten Grade die Fähigkeit, selbst schwierige physikalische Kapitel anschaulich darzustellen. Die Vorträge zeichnen sich sowohl durch die Klarheit der Darstellung wie durch die Schönheit des Stils aus. Wer durch solche Werke für die Schönheiten der Physik nicht begeistert wird, der ist für die exakten Naturwissenschaften überhaupt nicht zu haben." Die neue Zeit.

„Das Buch dürfte zur Zeit die beste allgemeinverständliche Darstellung der neueren Entwicklung der Physik enthalten."
Zeitschrift für den math. und naturwiss. Unterricht.

„Das Werk ist schlechthin mustergültig und sicher eine der besten populären Darstellungen, die wir besitzen, vielleicht die beste überhaupt . Der Verfasser ist ein Meister in der Beherrschung der Sprache und der Darstellung, und so liest man das Buch mit größtem Genuß." Die Neue Erziehung.

WEITERE WERKE VON ARTHUR HAAS

VEKTORANALYSIS

in ihren Grundzügen und wichtigsten physikalischen Anwendungen

1922. Mit 37 Abb. im Text. Groß-Oktav. VI, 149 Seiten
Geheftet Rm. 4.—, gebunden Rm. 4.80

„Das Buch ist fast eine kleine theoretische Physik in der Rocktasche, in der A. Haas die oft an ihm bewunderte Kunst leicht verständlicher Darstellung glänzend getätigt hat.“ Zeitschrift f. physikal. Chemie.

„Wir finden sorgfältige Auswahl des für den Physiker Notwendigen, klare und übersichtliche und dabei stets straffe und kurze Darstellungsweise, Veranschaulichung der gewonnenen mathematischen Beziehungen an einem geeigneten physikalischen Stoff unter scharfer Trennung des rein mathematischen Gehaltes von physikalischen Erkenntnissen.“ Physikalische Zeitschrift.

DIE GRUNDGLEICHUNGEN DER MECHANIK

Dargestellt auf Grund der geschichtlichen Entwicklung

1914. Mit 45 Abbildungen im Text. Groß-Oktav. VI, 216 Seiten
Geheftet Rm. 7.50, gebunden Rm. 8.50.

„Man muß den Gedanken (der dem Buche zugrunde liegt) als außerordentlich glücklich bezeichnen, und er ist mit einer musterhaften Sorgfalt durchgeführt, die die Lektüre des Buches auch dem zu einem hohen Genuß macht, der es nicht als Lernender liest. Ein schönes, klares und ansprechend geschriebenes Buch, das man ganz besonders jedem Physiker ohne Einschränkung empfehlen darf.“ Physikalische Zeitschrift.

„Das Buch zeichnet sich durch Einfachheit und Klarheit der Darstellung und Lebhaftigkeit des Stiles vorteilhaft aus.“ Chemiker-Zeitung.

DER GEIST DES HELLENENTUMS IN DER MODERNEN PHYSIK

Antrittsvorlesung. 1914. Groß-Oktav. 32 Seiten
Rm. 1.20

Griechische Übersetzung von Ant. Ph. Chalas, Athen 1922

„Das kleine, aber ausgezeichnete Schriftchen ist nur mit lebhaftester Genugtuung zu begrüßen und Philosophen wie Physikern und Naturforschern überhaupt auf das wärmste zu empfehlen.“ Kantstudien.

DIE PHYSIK

Von

Dr. Leo Graetz

o. ö. Professor der Physik an der Universität München

Mit 395 teils farbigen Abbildungen im Text und 12 farbigen und schwarzen Tafeln

Zweite, verbesserte und vermehrte Auflage

1923. Groß-Oktav. XII, 582 Seiten
Rm. 10.—, in Ganzl. geb. Rm. 12.50

*

Wer das längst bekannte Graetz'sche Buch über die Elektrizität gelesen hat, der weiß, was er von einem Werk von Graetz erwarten darf: Nicht nur Wissenschaftlichkeit und vollendete Klarheit, sondern auch bildhafte Anschaulichkeit und lebendige Darstellung und damit größtmögliche Allgemeinverständlichkeit. Zahlreiche gute, z. T. eigens für den vorliegenden Zweck entworfene bildliche Darstellungen unterstützen die Ausführungen des Textes in hohem Maße. Es ist ein Buch, das einem breiten Leserkreis nur bestens empfohlen werden kann. Natur und Technik.

Es gibt in der deutschen wissenschaftlichen Literatur wohl kein zweites Werk, das in so elementarer Weise selbst schwierigste Kapitel der Physik bringt und jedem Leser verständlich macht. Diese Darstellungsart des Verfassers ist eine Kunst, die er, wie es scheint, ganz allein besitzt. Pharmazeutische Monatshefte.